JN017088

BIG HARRY,
BIG HAPPINESS
Riko Murai

ハリー、大きな幸せ
村井理子
AKISHOBO

はじめに

私は、日本一大きい湖として知られる琵琶湖《びわこ》の近くで、もしかしたら日本でもトップレベルにハンサムで賢いかもしれないラブラドール・レトリバーのハリーと暮らす翻訳家だ。毎日、本とにらめっこしながらデスクに向かう私の横には、いつでも愛犬ハリーがいる。こんな生活がはじまって、あっという間に四年の月日が経った。

生後三ヶ月だった子犬のハリーがわが家にやって来たとき、小学校五年生だった双子の息子たちは、今年、中学三年生だ。ハリーも双子の息子たちもどんどん成長し、ハリーは五十キロの巨体となり、息子たちは私よりも遥かに背が高くなった。でっかい犬とでっかい中学生がいるわが家は、なんだかとってもかかるため、私はいつまで経っても仕事に追われている。

子犬のハリーがわが家にやって来たとき、そのあまりの愛らしさに家族全員がノックアウトされた。まるでぬいぐるみのような、それもとびきり可愛らしいぬいぐるみを山ほど集めたような、とんでもない姿だった。真っ黒くて、フワフワで、ずっしりと重かった。ビロードのような黒い毛が輝いていて、大きめの耳が顎のあたりまで垂れていた。丸い目がきらめいて、こちらをじっと見据えていた。まるで絵に描いたような美しさだった。しかし感激の初対面に興奮していたそのときの私たちは知らなかったのだ。ラブラドール・レトリバーの子犬が、まさに悪魔のようにいたずらな存在だということを。

異変はハリーがわが家にやってきたその日の夜からはじまった。大型犬は子犬のときからケージに慣らしておくことが大切だと聞いていた私たちは、さっそく犬用ケージにハリーを入れてみた。息子たちと遊び疲れて眠くなった今がチャンスと、急いで入れて、ドアを閉めた。しかし、ドアを閉めた瞬間、ハリーは甲高い声で騒ぎ出した。明らかに怒りまくっている。その鳴き声の大きさたるや、成犬なのか⁉　と狼狽《うろた》えるほどだった。ギャンギャン大声でわめき、前脚をバタつかせて暴れ、ドアのロック部分を執拗《しつよう》に攻撃するハリーに家族は一時間もたずに降参し、ドアを開けるしかなかった。

すると子犬にしては若干凶暴な表情であっさりケージから出てきたハリーは、当然でしょという顔をして今度はソファに乗せろと要求し、乗せてやるとしばらくおもちゃで遊び、そしてグーグー寝はじめた。もしかしたらかなり根性が据わった犬なのかもしれないと思った。私のその予感は当たっていた。

初めての場所に戸惑っていたのは、ほんの数日だった。一旦新しい環境に慣れるとハリーは毎朝誰よりも早く起きるようになり、家のなかをくまなく歩き回って、目につくものをすべて嚙《か》むようになった。嚙み、振り回し、とことんやっつける。まず被害に遭ったのは靴だ。片っ端からくわえては、せっせと自分の居場所であるソファまで運び、丁寧に嚙む。一足きちんと嚙み終わると、いそいそと玄関に戻り、お気に入りの次の一足をくわえてまた戻ってくる。そしてうっとりとした表情で嚙みまくる。こんなことを延々と繰り返していた。

靴を嚙むのに飽きると、次の標的は段ボールだった。振り回し、びりびりと破り、それをまき散らす。わが家のリビングは一時、ハリーがバラバラにしてしまった段ボールが床一面に広がっていた。

おもちゃを与えれば瞬殺、家具はすべて敵のように攻撃、手がつけられないやんちゃなハリーが変わりだしたのは一歳を迎えたころだった。明るい性格はそのままに、どんどん賢くなっていった。運動がなにより好きな犬になった。湖で泳ぐこと、枝を集めることがなにより楽しそうだった。だから、私たちはハリーを連日琵琶湖に連れて行き、いくらでも泳がせ、走らせた。運動したあとのハリーは、なんでも言うことを聞く素晴らしい犬になった。今となっては、やんちゃな時期が嘘のように、冷静で穏やかな成犬となっている。最近では琵琶湖に浮いている流木をせっせと水から引き上げては集めるという活動を一匹で頑張っている。

ハリーは愛犬というよりも、わが家の中心的存在だ。誰もがハリーを気遣い、誰もがハリーとの生活をこの上なく楽しんでいる。当のハリーも、連日泳ぎ、走り、食べ、そしてたっぷり寝て、ゆったりと暮らしている。大きな体と同じぐらい大きな心で、常に家族に寄り添っている。

CONTENTS

①ぼくはここにいる

湖の色が灰色に変わり、山から冷たく、強い風が吹くようになった。私が住む滋賀県北部の季節の移り変わりは、都会のそれよりもずっとわかりやすい。朝、窓を開けた瞬間に入り込んでくる風のにおいで、長い冬の到来を知る。窓に映る湖の色で水温の変化を悟る。湖に向かい合うようにして広がっている比良《ひら》山系を見れば、木々が所々色づいてきているのがわかる。比叡山《ひえいざん》のあたりはこれから紅葉狩りの観光客で大いに賑わうことだろう。私は紅葉狩りより栗拾いがいいけどね、あと、あのあたりの漬物はうまいね……などと、どうでもいいことを考えている飼い主の横で、暇そうにぼんやり座っているのが、わが家の名犬ラブラドール・レトリバーのハリー号である。相変わらず、毎日寝てばかりだ。

今年の夏は意識して運動量を増やしたことが功を奏したのか、かつて「歩く姿は黒毛和牛、横たわったら恵方巻き」と言われた巨体も、ぐっと引き締まり、全盛期の長州力（ご存じですか）を彷彿《ほうふつ》とさせる筋肉質の立派な犬となった。見た目はいかついことこのうえないが、性格は、子犬のころからずっと変わらず、穏やかで、優しい。最高にスイートな犬である。まるで大きなマシュマロみたい。いや、黒いからマシュマロっていうか、なんて言ったらいいんだろう、黒くて大きくて重い……サンドバッグ？　なんでもいいが、とにかく大きくて優しい、最高の犬だ（本シリーズの既刊二冊を読んでいただいている方には自明のことと思いますが、本書でも私はハリーを褒め称《たた》えます）。

私はといえば、いつも通りバタバタと動

強そうな一匹と一人（雑誌『NIKKANSPORTS GRAPH 1月号 爆闘プロレス』）

き回り、せっせと仕事を片付けているうちに、あっという間に夏休みが終わりを迎えていた。今振り返ってみても、三分ぐらいしか夏を満喫していない。双子の息子たちにも、夏の思い出を作ってあげることができなかった。どこに出かけるでもなく、なにか特別なことをするでもなく、ただただ必死に毎日を過ごしてしまった。大反省である。いつも友達でぎゅうぎゅう詰めになっていた子ども部屋も、ふと気づけば誰も遊びに来なくなっているではないか。「誰も遊びに来ないんだね」と息子に聞くと、「もう中学生やで。毎日来るわけないやん」とつれない返事だ。

子どもの世界は、驚くほど変化が早い。小学生のときに連日遊びに来ていた子どもたちが、ほとんどやって来なくなったのは、クラス替えなどで交友関係が変わったことが理由らしい。「へ〜、あんなに毎日来たのに〜?」と、母は寂しく思うばかりだ。しかし、そんな私の感傷も、彼らからすれば「?」なのだということは理解しているつもりである。私自身、幼いころ、友達のお母さんに馴れ馴れしくされるたびに居心地の悪さを感じていた。無神経にズケズケとなにやら言われる（髪切った?　背、伸びた?　勉強やってる?）ことを、嫌だなと思っていた。そして今、自分もそうなりつつある。

ふとした場所で息子の友達とすれ違い、今までの調子で声をかけ、目を逸《そ》らされ、素通りされることがあっても、小さく「了解」と言うだけに留めるのが賢明である。とても素直でかわいかった子が、久しぶりに見たらずいぶん大きくなり、なにやら髪が少し茶色くなり、伸ばした前髪で目の表情が見えなくなって、お、おう……という微妙な気分になったとしても、そのまま何事もなかったかのように通り過ぎるのだ。子どもたちに「あの子、元気なの？　悩みでもあるの？」なんて、絶対に聞いてはいけない。「ハァ？」と返されるのが関の山だ。だから、心のなかでそっと唱えるのだ、「みな、無事に成長しますように」と。それだけで十分である。

しかし不思議なもので、そんな思春期ど真んなかの子どもたちも、ハリーに会うとあのころの表情を取り戻す。私のことは死ぬほど無視している男子も、散歩中のハリーを見るやいなや、満面の笑みで手を振ってくる（ハリーに）。むっとした表情で斜に構えている男子も、真っ黒い姿を見つけると、はにかんでうれしそうにしている。私のことは空気のように扱っても、彼らにとってハリーは確かにそこにいる。それでいい、それでいいのだ。ハリーがひと目見たら心がほっとするような存在であるなら、飼い主としてこれ以上うれしいことはない。いつでもあの大きな体を触ってほしい。ハリーはブラックホールのように悩みをすべて吸い込んでしまうのだから。ハリーはいつでもここにいるよ。

ハリーは私にとっても同じような存在だ。なにがあっても、いつでもそばにいてくれる。気づけば横に座っている。なんてありがたくて、かわいいのだろう。ハリーのような存在が、これから先も、子どもたちの近くにいつもいてくれますように。

② 足元に眠るお宝

少し気温が下がってきたと思ったら、ハリーが私のベッドを占領するようになった。人間に近づくと暑いからだと思うけれど、夏の間はずっと床に寝ていたハリー。飼い主のそばにいたいという気持ちより、「人間に近づくとなんだか暑いから離れよう」という気持ちが勝ったのだろう。正直かよ。

日中は快適にクーラーのかかった部屋で、ごろりと横になって夏を過ごしていたハリーも、朝晩、少し冷え込むようになった今は、暇があれば私のベッドでセイウチのように横たわり、寝るのに飽きると私のデスクの下に陣取って、私の一挙手一投足をつぶさに監視している。少しでも動けばどこまでもついてくる。トイレも風呂もお構いなしである。トイレのドアはハリーに乱暴に開けられて壊れたままである。風呂はお湯をゴブゴブ飲んでしまうので、やむなく施錠しているが、ドアを突破されるのも時間の問題だろう。それ以

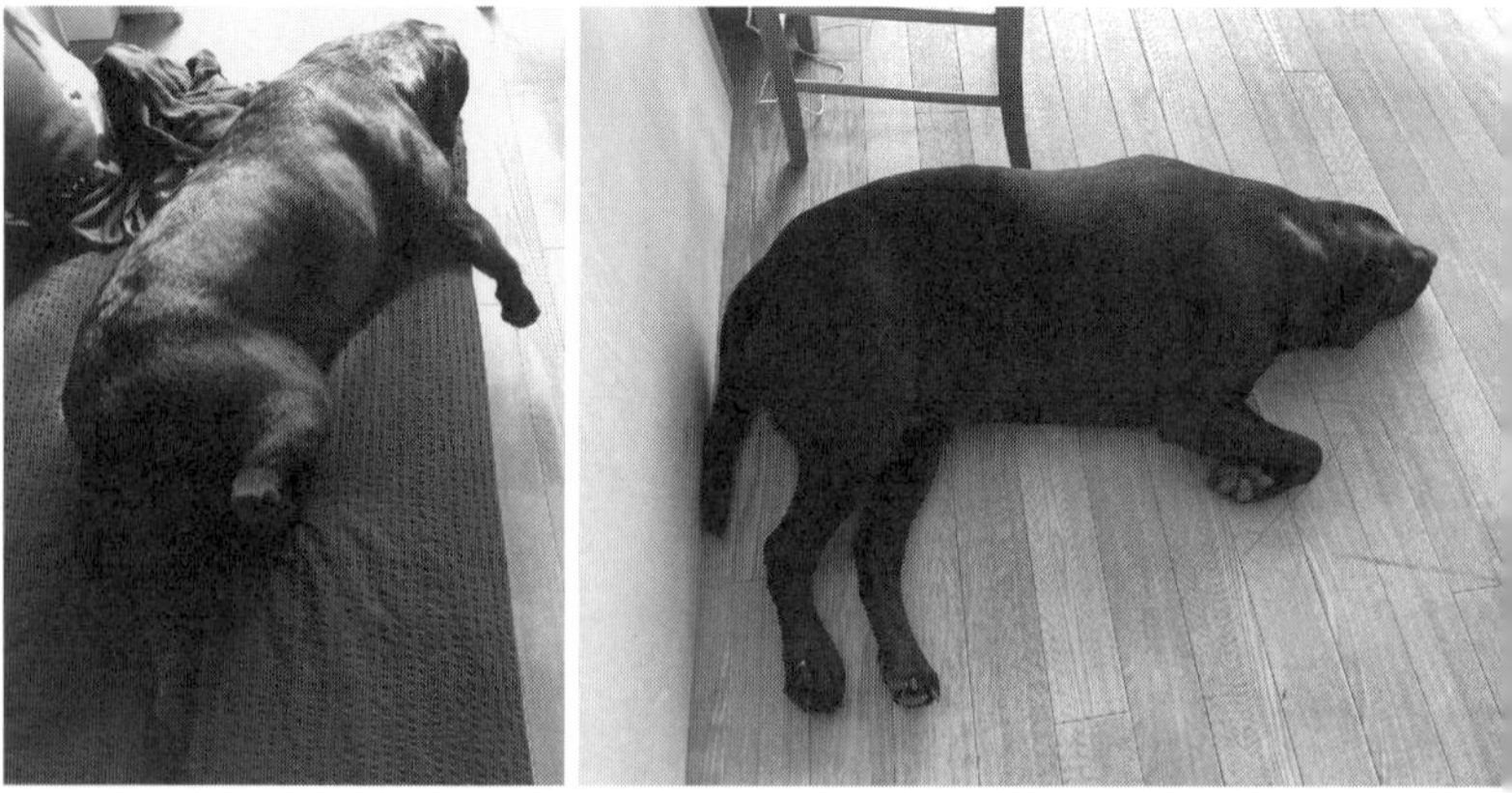

涼しい場所を探し移動する

外は、大きい体をノソノソと動かし、爪音を静かにたて、無表情に、ただ私の後ろをついてくる。私が寝ると、真横にドサッと寝る。そして、長いため息をつく。まるで、「よく動くなぁ、人間ってやつは……」と言われているようだ。

　アメリカの郊外には、体育館と見まがうばかりの納屋に、ガラクタ（失礼）を溜め込んでいる桁外れのコレクターがいる。そんな、一見すると価値がわかりにくいが、その道のコレクターにとっては垂涎《すいぜん》のお宝を発掘する番組があって、本国でも人気のようだ。私も、まるでゴミのような（失礼）ガラクタが実はとんでもないお宝で、それで一攫千《いっかくせん》金《きん》！　といった夢のある話が大好きなので、ハリーを横に侍《はべ》らせながら欠かさず見ているのだが、登場人物は多くの場合、ヒゲの伸びきったおじいさんとその犬。犬はだいたい老犬である（同じくヒゲが伸びきっている）。そして、犬は特に目的もなさそうに、とぼとぼとおじいさんの後ろを歩いていることが多い。

古いバイクや自転車のパーツ、人形、看板などが、そこら中に山積みされている納屋で、お宝ハンターたちが次々と目当ての品を探しだして来る。そして、いきなり値段交渉に入る。だいたい、そんなコレクターは頑固者が多いから、「おいおい、わしは売るなんてひと言も言っとらんぞ」と、むっとした顔をする。すると機転の利くハンターが、「スティーブさん、無理にとは申しませんよ。思い出の詰まった品を無理に売ってくれだなんて、ぼくらは言いませんから……」とかなんとか、優しい声で言いはじめる。ほだされたスティーブさんは、「これは死んだ女房と結婚記念日に行ったダイナーでもらってきたものでな……」なんて思い出話をうっかりしてしまう。思わず涙ぐむスティーブさん。もらい泣きのお宝ハンターたち。そしてスティーブさんの足元には、やっぱり老犬が無表情で座っているのである。

私はお宝そっちのけで、その飼い主をただ追いかけている老犬をじっと見てしまう。たぶん、それまで十年以上、淡々と飼い主の後ろを歩き続けてきたに違いない。私はそんな、ヒゲの伸びきった老犬の静かな佇まいに心を打たれてしまう。奥さんの思い出と同じぐらいスティーブさんにとって大事なお宝は、その老犬なのだと思う。そしてきっと、スティーブさんもそれを知っている。

結局最後に売買交渉は成立して、お宝ハンターはスティーブさんからガラクタを適正価格で譲り受け（無理に値切らないのがいい）、トラックに荷物を積み、運転席に乗り込んで、スティーブさんに「また来ますよ！」と手を振る。スティーブさんは、「また来いよ！」と、ハンターたちが来たときの仏頂面はどこへやら、優しい笑顔を見せるのだった。そしてその足元には、やっぱり老犬が無表情で座っている。

私の足元にも、この老犬のような存在がいる。まだ今は若くて、ヒゲも伸びていないけど、同じように無表情の黒ラブのハリーが、いつも私の足元にいてくれる。無表情だけれど、目はいつも優しくて、その存在感だけで十分だと思わせてくれる。めったに吠えないが、必要なときはしっかり番犬の役割を果たす。車に乗れば無理やり、助手席に乗り込んでくる。庭に出れば、すぐ後ろを一緒に歩いてくれる。リードを握れば、首輪をつけてと訴えてくる。そんなハリーの存在が誇らしい。これから先の人生で、ハリーほど愛情深く、強靱《きょうじん》で、優しい存在に出会えるかどうか、私には自信がない。私にはスティーブさんのような大きな納屋はないが、スティーブさんと同じぐらいすごいお宝を持っている。

③ 留守のあいだに

本書の元となる連載のSeason 2をまとめた『犬ニモマケズ』が出版となり、トークショー開催のために東京にしばらく出張していた。Season 1を書籍化した『犬《きみ》がいるから』の出版の際に開催されたトークショー「犬まみれ猫まみれ」に引き続き、今回もお相手をつとめて下さったのは、校正者の牟田都子《むたさとこ》さんだ。今回の「犬まみれ猫まみれリターンズ」でも、流れるような司会で私をリードしてくれた。彼女がいてくれなかったら、私のタモリのようなボソボソとしたトークが、会場を悲しく包み込むという悲劇が起きていたかもしれない。まったく、素晴らしい方に助けていただいたものだ。私は幸せな人間だ。

今回も、ＳＮＳ上でしかやりとりのなかった方々とようやく会うことができ、そしてこれまで何度もトークショーにお越し下さっている方々とも、笑顔で再会することができた。これ以上ありがたいことがあるだろうか。そして、みなさんがおみやげとして持ってきて下さった勝負手土産の数々は、私の想像を超えていた。トークショーが終了したあとの会食時、「みなさんがこんなに幸せそうで、楽しそうで、おまけにプレゼントまで持ってきてくれるトークショーなんて本当に珍しいですよ」と、出版社の営業担当者さんがレモンハイを飲みつつ、しきりに言ってくれた。私もそう思う。こんなに温かい雰囲気が溢《あふ》れるトークショーはあまり経験がない。きっとあの場に、私だけでなくみなさんのハリーへの愛が溢れるからだろう。牟田さんの愛猫、みたらし&ユキチの愛らしい姿が、会場全体を包み込むからだろう。感謝してもしきれないほど、素晴らしい時間を過ごすことができた。ありがとうございました。

さて、二日の日程を終えた私は、一旦、滋賀の自宅に戻ることにした。東京出張は前半の「犬イベント2DAYS」と、後半の「殺人鬼イベント2DAYS」(同時期に出版された訳書『黄金州の殺人鬼——凶悪犯を追いつめた執念の捜査録』のプロモーション)に分かれており、真ん中の一日が休息日であった。東京でブラブラしていればいいものを、やはりハリーと息子たちが心配で、たった一日でもいいからと戻ったというわけだ。予想していた通り、自宅に到着すると、そこは荒れ地と化していた。

しかし母業も十年を超えると、荒れ地であろうが整地であろうが、大差はないのである。ハリーは狂喜乱舞して私を出迎えた。なぜなら、玄関先でずっと私が戻るのを待っていたからだ……二日間も。ストレスで全身フケだらけだった。なんという忠犬、なんという優しさ、なんという愛だろう。私は感動した。そしてなんだか悲しくなってきた。犬の健気さに泣けてきたのだ。お前は犬なのに、どうしてそこまで人間を慕うのだ？　人間なんてすごく勝手な生きものなんだぞ。そんなに純粋で強い愛を与えるのにふさわしい相手なのか、私は？　ひとしきり感動していると、そんな母の心などどこれっぽっちも知らずに、息子たちが「ウェーッス」と帰宅してきた。私に対して「東京どうだった？」のひと言もなく、「ウス」と片手を上げると、ベッドにドスンと寝てポテチの袋を開け、スマホ片手に（私からすれば）下らない動画を見はじめたのである。

それはそれで泣けてくるものだ。照れくさいのはわかっている。それでも、そんなつれない態度に、べつに急いで戻ってこなくてもよかったのでは？　と、傷つくのである。親の役割、そして存在感とは……？　と傷ついた心で考えつつ、次男の横顔をふと見ると、眼鏡をかけていない。嫌な予感がした。「眼鏡どうしたの?」と聞くと、「……武道場に置いてきた」と言う（次男は剣道部に所属している）。置いてきた? なぜ、置く? 高価なものをカジュアルに置いてくるのはなぜ? という疑問は当然浮かぶのだが、男子母を十年以上やっていると、聞いても答えが出ないことは、最初から聞かないでおくのが正しいという知見を得るもので、そのときも「ああ、そう。忘れずに探しに行きなさいよ」と答えてそのままにしておいた。次男は、小さい声で「はい」と答えた。なくしてしまったのだろうなと薄々気づきはしたが、疲れ切っていた。せっかく戻ったのに、喧嘩《けんか》はしたくなかった。

そして翌日の昼過ぎ、私は東京に戻った。次男にはLINEで、「母が戻るまでに、眼鏡を探しておいてね」と送っておいた。

東京出張後半を無事終え、再び急いで自宅に戻ると、そこは予想通りの乱れぶりであった。そして次男の眼鏡は行方不明のままである。もう何度もなくしているじゃないかとか、なぜケースに入れて保管しないのだとか、そんなむなしい疑問は、ふわふわと空中に浮かんで、パチンとはじけて、どこかに消えた。答えが出ないことを考えてどうするのだ。行

き場のないやるせなさはすべて、丁寧にまとめて心の片隅にしまい込んだ。

気を取り直して、「もう一度探して見つからなかったら、買うしかないね。とても大事なものだから」と次男に話した。次男は申し訳なさそうな、悲しそうな顔をして、自室に入っていった。ハリーが急ぎ足で次男を追いかけ、そして一人と一匹はしばらく部屋から出てこなかった。リビングを大急ぎで片付けながら、テレビを見ていた長男に、「こっちはどうだった?」と聞くと、彼は笑顔で「すごく楽しかったよ! みんなで映画を見たし、ゲームもやったしね」と答えたのだった。

④ きゅうり砲

食欲の秋とはよく聞く言葉だが、ハリーにとって今年の秋は「爆食の秋」と言ってもいいのではないだろうか。それほど、彼の食欲は爆発している。来たる十二月でようやく三歳になるハリーは、きっと今が食べ盛りという年齢だろう。とはいえ、想定外によく食べる。見ていて気持ちがいいぐらいだ。しかし、のんきに見守っているわけにはいかない。

ラブラドール・レトリバーの犬生は食欲との戦いと以前から聞いてはいたが、ここまでとは思っていなかった。家族の誰かがなにかを食べる様子があれば瞬時に駆けつける姿は、警備保障会社の警備員さながらである。その卓越した聴覚に感心する毎日だ。パンの耳を噛んだ瞬間に出るサクッ、階下で息子が静かに開けたアイスクリームの蓋のパカッ、スーパーの袋がこすれて出すシャカッといった、すべてのわずかな生活音は、ハリーにとってはスターターピストルの発する乾いた破裂音と同義らしい。真っ黒い巨体が魚雷のようにすっ飛んで来る。私たちは慣れたものだが、初めて見る人にとっては恐怖以外の何物でもないだろう。

ハリーがなんでもかんでも食べるかというと、まったくそうではない。彼は、実は味にうるさい男（オス）だ。一番好きなのはスイーツ。クリーム系には目がない。次に好きなのがイモである。さつまいも、ジャガイモ、里芋、すべて好きだ。いわゆる、こってりとしたものは何でも好き。男子高校生か。だからといって私がそれらをすべて与えているかといえば、それは絶対にノーである。イモ類に関してはフードをかさ増しする意味で、蒸したり茹《ゆ》でたりして与えることは多いが、生クリームやアイスクリームについては、ほとんどがハリーに盗まれるパターンだと断言していい。気をつけてはいるが、なにせ相手は知能犯である。ありとあらゆる手を使って盗みをしかけてくる。アイスを食べている息子の背後から忍び寄り、カップごと奪うなんて序の口だ。キッチンから離れた場所にいても、スプーンを引き出しから出す音でハリーにはわかる。それがバニラアイスだと。アイスのフタを舐《な》めるためだけに、ゴミ箱をひっくり返す。お菓子の袋もとりあえず舐めたいので、どこからともなく運んでくる。私に叱られることはわかっているので、私に真正面から挑むことはないけれど、欲しいものがあると、必ず真横にピタリとついて、滝のようによだれを垂らしている。

満腹のときは別犬のように大人しいので、なんとかその状態をキープしたいと、思いつく限りの手段を講じている。例えば、茹で野菜である。カロリーが低めの野菜をたっぷり茹でておくことでハリーの腹は満たされる。しかし、自分の食事の準備でさえ面倒なのに、ハリーのためだけに大量の野菜を茹でるのは、正直面倒だなと思う日が多い。そんな日はきゅうりを与えることにしていたのだが、最近、ハリーはこのきゅうり作戦に腹が立つようで、与えたきゅうりを私に投げ返すようになったのだ。きゅうりはそこまで好きではないのだろう。

今まで何頭も犬を飼ったが、犬というものは、ある程度妥協してくれる動物で、あまり好きではないものが出てきたとしても、一応は食べてくれるのだが、ハリーはそうもいかない。まず、ぷいっと横を向いて、無視する（しかし、両目はしっかりとこちらの様子をうかがっている）。根比べだったらこっちも負けないので、私もハリーを無視する。お互いに無視をして数分経ったあたりで、しびれを切らしたハリーがきゅうりをくわえて、あ

ろうことか、ぶん投げはじめるのだ。私が仕事をしているデスクの真横で、ハリーは何度も何度もきゅうりを空中にぶん投げる。私が反応するまで、根気よくきゅうりを空中に放つ。相手が子どもだったら、食べ物を粗末にするんじゃないとでも言えるのだが、相手は残念ながら犬。言って聞かせることができたら、どれだけ楽か。いや、相手が人間であってもその状況はまったく同じなのかもしれない。言葉を尽くしたって、わかってもらえないときはわかってもらえない。ハリーとの駆け引きは人生の縮図のようなものなのか……？

とにかく、ハリーは最近、きゅうりに激怒するようになった。私が冷蔵庫からきゅうりを出そうものなら、尻尾を追いかけるようにぐるんぐるんと回転して、「きゅうりは嫌だ！」と主張する。その姿があまりにも面白いので、なにかにつけてきゅうりを見せていたら、今度は「きゅうり」という言葉にまで反応するようになった。「きゅうり！」と叫ぶと、家中をドタドタと走り回って、大騒ぎだ。一階の部屋の隅から二階のベランダまで、ノンストップで駆け抜けるのだ……マットを蹴散らし、抜け毛をまき散らしながら。

ああ、ハリーよ。君は最高に面白くてかわいいやつだけれど、もう少し大人しくなってはくれまいか。もう少しだけ、ダイエットに協力してくれてもいいのではないか。見てごらん、君の体はすっかり黒毛和牛のように立派になり、すれ違う幼稚園児に「おっきい！おっきい！」と泣かれる始末ではないか。ガラス窓に映る君の姿を先日見たけれど、まるで狛犬《こまいぬ》のようにどっしりと立派だったぞ。

もうすぐ三歳になるハリーだが、教えることはまだまだたっぷりありそうだ。

⑤ 大人の階段

ここ最近忙しい日々が続いている。週末の東京出張や大阪出張も増えているが、平日にPTAの会合で家を出たり、義両親の通院に付き添ったり、相も変わらずバタバタと動き回っている日々だ。家族の生活が円滑に進むよう動かなければならない主婦の仕事は、決して少なくない。体調がいいのがせめてもの救いだが、そろそろ数週間ほどどこかに消え失せたい気分になってしまう。いやいや、そんなことを言っている場合ではない。仕事が溜まっているではないか（各方面に配慮）！

気がつけば季節はすっかり冬に突入したようで、そろそろ山に初雪が降るかもしれない。連日、強くて、とびきり冷たい突風が吹き荒れている。庭木の葉はすっかり枯れた。湖の色が、深いねずみ色に変わった。今年もあっという間に月日は流れ、宅配サービスのお兄さんがおせち料理のパンフレットをどっさり置いていくような時期になった。ああ、あっけないものだよな、人生なんてと、一人で遠い目をしている。

こんな日々が続いているものだから、ハリーを短時間ではあるが、家で留守番させる機会が増えている。子犬のころを考えたら、嘘みたいな話だ。あのころのハリーは、とんでもない寂しがり屋だった。家族の姿が見えないと、途端にパニック状態になった。家族以外で心を許していたのは、唯一、しつけ教室のトレーナーさんで、どこかに行こうと思ったら短時間であっても彼女に預けないと、大変なことになっていたのだ（家を荒らし、遠吠えをしまくってご近所さんを怯《おび》えさせていた）。

しかし、ハリーはあのころのハリーではなくなった。実は最近になって、彼は分離不安を見事克服したのだ。このままでは、人間の暮らしも犬の暮らしも窮屈になると、私にしては珍しく、根気強くハリーと訓練を重ねた成果が出たのだ。

手順はこうだ。財布やケータイを入れたバッグと車のキーを持ち、ハリーに私が出かけることを知らせる。ハリーは、車のキーの出すわずかな音を聞きつけて、どこにいても、シュタッ！　と目の前に現れ、キリッとした顔でじっとこちらを見る。その顔は明らかに

アイルランドと滋賀県

「ぼくも行きますが?」と言っている。その瞬間を狙って、「ハリー、玄関!」と、明るく声をかける。するとハリーは魚雷のように玄関に吹っ飛んでいく。その後ろ姿からは、「ヨッシャー!!!」というかけ声が聞こえてきそうである。

　そこで私もハリーを追いかける。ドタドタ走って彼に追いつき、がちっとドアの前に座って待っているハリーの大きな背中に「待て」と声をかける。その大きさはまるで、アイルランドのモハーの断崖である(わかりにくい喩《たと》えだな)。「ハリー、ちょっとだけ行ってくるよ。すぐに戻るから」と私は努めて穏やかに話しかける。そしてまさにその瞬間、ハリーの口のなかにお気に入りのジャーキーをほんの少しだけねじ込むのだ。ハリーは急いでジャーキーを食べつつ、玄関から少し下がり、再び、シュタッ！　と正しい姿勢で座る。それを確認し、私は悠然と玄関ドアを開け、鍵をかけて、車で家を出る。そして三十分ほどで雑事を片付け、家に戻るのだ。

家に戻ると、ハリーはまったく同じ場所で私を待っている。なぜかというと、私が戻れば、再びお気に入りのジャーキーがもらえるからだ。私は大人しく待っていたハリーを盛大に褒め称える。ハリー、お前は世界一のイケワンだ、お前こそが私の命、そして希望。お前は本当に賢くていい犬だ、ああ、神様、こんなにも素晴らしいプレゼントを私に下さってありがとう、命バンザイ……。

褒め称えられつつ、二個目のジャーキーを頬張るハリーは、自分が留守番をしていたなどとは考えていないはずだ。ただただ、二個目のジャーキーが口に入る瞬間を待っているのだ。この方法で少しずつ時間を延ばしていき、今では数時間であれば問題なく留守番ができるようになっている。必要なのは、わずかなおやつだけだ。ハリーが何時間でもその場に座っているかどうかは、ハリーにしかわからない。ただ、玄関を開けると、ハリーは必ずそこにいる。私が部屋に戻って自分のベッドを触ると、ほかほかに温かいことが多いから、途中で休憩はしているかもしれない。

鼻息荒く、この見事な成果を発表する私に、次男が「それってジャーキーにつられてるだけじゃん！」と言った。私は即座に「ああそうだよ」と答えた。そして、「人間だってそうじゃない？　無償の愛とか言うけどさ、そこにわずかでも見返りがあってこそ、人間は譲歩できるし、誰かに優しくすることだってできるんだよ。人生は夢物語ばかりじゃないさ。見返りを求めてはいけないのか？　いや、そんなことはないはずだ！　いいんだよ、それで。愛があれば、いいんだよ。理想を追い求めすぎてはいけない。期待は少しぐらいがちょうどいいんだから」と、流れるように言う私を、次男は見てもいなかった。もちろん聞いてもいなかった。私の横にいた夫が、「いつも通り、大きな話になってんな～」と言った。大きいのは私の話ではない。ハリーのハートである。

⑥ 今日は三歳の誕生日

早いもので、ハリーは今日（二〇一九年十二月十七日）三歳の誕生日を迎えた。わが家にやって来たのは生後三ヶ月のときだったから、あっという間の二年九ヶ月である。黒くてふわふわとした、この世のものとは思えない、最高にかわいい子犬だったハリーは、今となってはどこに出しても恥ずかしくない、（いろいろな意味で）立派な成犬へと姿を変えた。器量よし、性格よし、食いつきよしの、三拍子揃《そろ》ったイケワンである。

誕生日だから、なにかプレゼントをあげようと言いだしたのは、わが家の男性陣だった。プレゼントって言ったって、ハリーが喜ぶものは食べ物かおもちゃぐらいのものに決まっているのだが、彼らが選んだのはハーネス（胴輪）だった。

「頼んどいて！」と軽く言われて腹が立った。そこをアウトソースかよと思った。なにせ、ハリーにぴったりのサイズの製品を見つけるのは、なかなか大変な作業だからだ。ご存じ

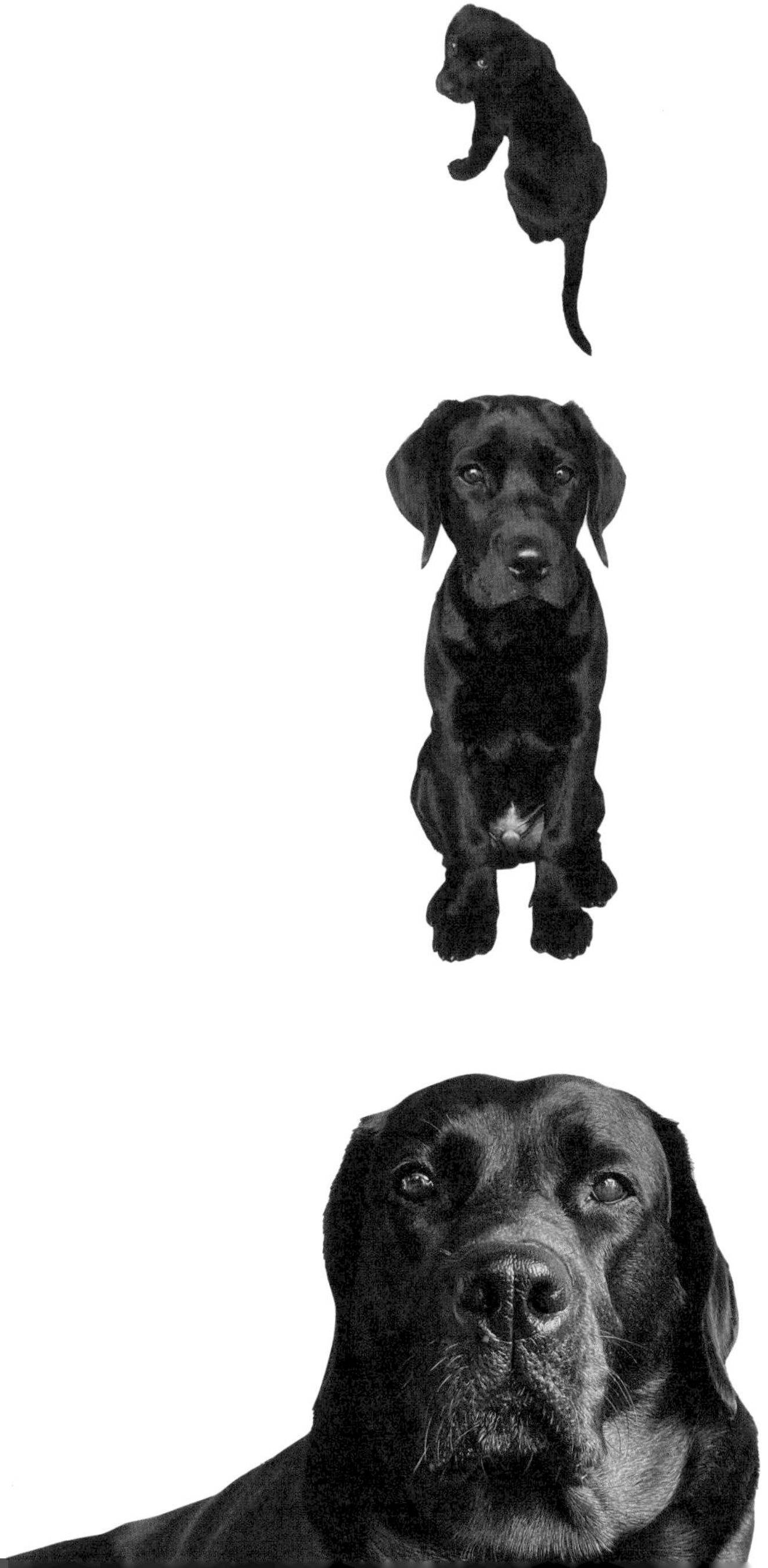

の通りハリーはダイナマイトボディーの持ち主である。前回購入したハーネスは、夏以降、身につけると脇の下のあたりが窮屈になっていた。ま、まさか太ったのか……？　と不安になりつつ、より大きいサイズを買おうと確認すると、使っていたのはすでにＸＬサイズで、それより大きいものは入荷に一ヶ月かかると記載されていた。

その記憶があったため、別の種類のハーネスを腕まくりしつつ探しはじめたが、ハリーのサイズのものになると売り切れや入荷待ちの表示が多かった。こりゃだめだと思いつつ、根気よく探し続けると、ハンガリー製のハーネスに辿《たど》りついた。さすがコモンドール（長毛種の牧羊犬で、体重はオスで五十キロから六十キロとされる）を生んだ国だ、推奨体重四十キロから八十キロの製品が見つかったのだった。ワハハハ、ハリーは推定四十五キロだから、楽勝である（私、なにか間違っているだろうか）。そして説明書きには、「耐久性」、「お手入れ簡単」、「防水」、「反射板つき」とあった。琵琶湖で泳ぐことがライフワークのハリーにぴったりなもののような気がする。値段は張ったが、安いものを買って、あっという間に破壊される悲劇はすでに何度も経験している。えいや～！　とばかりにクリックして、購入した。

数日後にハンガリー製高級ハーネスがわが家に届いた。予想以上に大きな段ボールに入っていた。箱から出したが、なんだか馬の鞍《くら》のようである。おしゃれさとかかわいさとか、かっこよさなんてものはあまり感じられない。ただただ、「大きな動物用のハーネスです」という雰囲気を醸し出している。なんだかなあ、もう少しおしゃれなのがよかったよなあ……と思いつつ、その真っ赤なハーネスをハリーに装着してみた。素直なハリーは、その妙に大きくて赤い、しかし、とても頑丈な作りのハーネスを装着して、無表情に立っていた。そのハリーの姿を見ていたら、なんだかデジャブのような感覚に襲われた。ええと、なんだっけ……これ、どこかで見たことあるなあ……と、しばらく考えて、はっと気づいた。会津地方の郷土玩具、「赤べこ」である。「ハリー、赤べこそっくりじゃん！」と思わず大きな声を出してしまった。

それにしても、ハリーがもう三歳とは不思議な気持ちだ。これまでの三年間が、あっという間だとも思うし、長い道のりだったとも思う。いろいろあったな……と、思わず考え込んでしまう。いろいろあったよねと、思わずハリーに話しかけてしまう。私が入院して焦ったハリーが家から抜け出して私を探す旅に出てしまったことがあった。あのときは本

当に焦った。どうしても脱走してしまうのでトレーニングセンターに預けたが、センターではとても良くしてもらっていたというのに、キッチンを破壊してしまったり、戻ってくると今度は家のベランダを破壊した。その後も階段を食べたり、ソファを食べたり、車の助手席を食べたり。食べてばかりだ。それに、ハリーが来たばかりのころは、あまりにもいたずらで困り果てていた。このままではどうにもならないと、すごく悩んだことだってある。それがまさか三歳になって、こんなにも落ち着き払った犬になるとは、驚くばかりだ。ハリーはいつも通り、落ちついた表情でじっと私を見て、なにも言わない。

お前はなにも言わないね。でも、なにも言わないのに、すべてわかってくれるから、私はハリーが大好きなんだよ。これからも、ずっと楽しく暮らしていこう。

私にとってハリーは、そこにいることが当たり前の存在となってくれた。あっさりと書いてしまったが、実はこれはとてもすごいことな

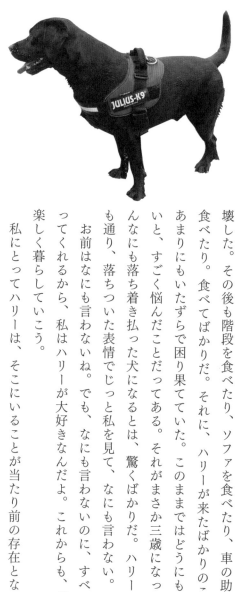

のではと、私は密かに思っている。なぜならそれは、私もハリーも、何事もなく無事に暮らすことができているという証だからだ。飼い主もペットも、双方が健康で、元気で、安全に暮らすことができているということは、幸運が幾重にも重なった結果なのだと私は思う。

よくよく考えてみると、人間も、動物も、明日どうなるかわからない日々を生きている。昨日あった命が、今日なくなる場合があることも、私たちは知っている。だからこそ、互いに強く意識せずとも、ただ隣にいて、なんの変哲もない一日を過ごせることは、何物にも代えがたいことなのだと私は考えるようになった。

儚《はかな》いよなあ、刹那だよなあと思わず口にしてしまう。美しい時間も、楽しいできごとも、悲しみと隣り合わせだなんてひどいよね、それなのになぜ私は犬と暮らしてしまうのだろうと、一人遠くを見つめはじめた私の真後ろで、ハリーはアップルパイの入ったビニール袋をベロベロ舐めていた。

Photo by Wdqh – Akabeko, a traditional craft made in Fukushima, Japan. / CC BY-SA 4.0

⑦ かけがえのない時間

ハリーが散歩中に時折会う犬がいた。バーニーズ・マウンテン・ドッグの雄犬で、とても大きくて、体重はハリーよりもはるかに重かったと思う。

ハリーは常々、人間は当然いないし、犬も滅多にいないような場所をわざわざ選んで、それも決まって早朝に散歩をさせている。でも、この大柄で（横に並ぶとハリーが痩せて見えるほどだ）穏やかなバーニーズには、何度も出会ったことがあった。理由は単純で、たぶん、飼い主の年配の女性が、その人里離れた湖畔に暮らしていたのだろうと思う。そしてもしかしたら、人間よりも犬のほうが好きな方だったかもしれない。喧噪《けんそう》から距離を置いた暮らしを選んでいたのかもしれない。上品で、人当たりがよく、そのバーニーズと並ぶとアンバランスなほどに小柄な女性だったが、それでも、ゆったりと、一匹と一人で誰もいない湖畔を歩いている姿は、まさに大型犬飼育の醍醐味《だいごみ》といった印象だった。私とハリーが邪魔なのではと躊躇《ちゅうちょ》するほど雰囲気のあるペアで、私はいつも、ハリーをあの飼い主さんのようにハンドリングするにはどうすればいいのかと、憧れのまなざしで見ていた。人懐っこいハリーは、その飼い主さんとバーニーズを見つけると、急いで駆けつけて、じゃれつこうとして私を焦らせた。ハリーが万が一にも飛びつけば、彼女は吹き飛んで行ってしまいそうなほどに痩身だったのだ。

バーニーズは完璧にしつけられていた。吠えている姿を一度も見たことがない。そして、手入れが行き届いていた。長い毛は常にきれいに洗われ、整えられているように見えた。ブラッシングだけで数十分はかかるのではと思えるほどの立派な体毛は、いつもふわふわで美しかった。少し垂れ気味の大きな目の周りには黒い毛が縁取りのように生えていて、穏やかな性格をより穏やかに見せていた。飼い主の女性も、静かな方だった。ハリーを見ては、かわいいわねえ、つやつやねえ、元気ないい子ねといつも褒めてくれた。

「あまり他の犬と遊ぶことがないから、一緒に遊んでもらっていいかしら」と頼まれて、ハリーとバーニーズを湖畔で一緒に遊ばせたこともある。ハリーはバーニーズの周りをせわしなく走り、お腹を見せ、仲良くなろうと必死だった。そんな騒がしいハリーをちらりと見ては、バーニーズは、ゆっくりと歩き、琵琶湖に足をつけ、散歩を楽しんでいたように思う。ハリーはザブザブ泳ぎ、四方八方に水をまき散らしながら、ドドドと全力で走っていた。それを見た飼い主さんが、「この子は元気でいいわねえ」と言ったのを記憶している。

去年の夏の終わりごろ、普段お世話になっているトレーニングセンターのSNSアカウントに、そのバーニーズが他の犬たちと遊ぶ写真が掲載された。もしかして遊びに来ているのかなと思い、トレーナーさんにメッセージを送って聞くと、飼い主さんが入院され、一時的に預かっているのだという。それならば、ハリーも預かってもらって、ついでに私もバーニーズに会いに行こうと思っていたのだが、とうとう予定が合わずに、そのときは会えずにいた。

後日、ハリーを連れてセンターに行ったときに、そういえばバーニーズは元気ですかと聞くと、実は飼い主さんがお亡くなりになって、遠方の里親さんに引き取っていかれたのだと教えてもらった。長く闘病されていて、最後に入院される前に、信頼の置ける知人にバーニーズを託されたのだという。そういえば、最近しばらく湖畔でお会いしていなかったと思い出した。最後に挨拶したのはいつごろだっただろう。もしかしたら、随分前のことだったかもしれない。

ゆったりと湖畔を散歩していた、あの一人と一匹の姿を思い出すと悲しくなるが、きっと、私には想像も及ばないほど、濃密で、かけがえのない時間を共有していたのだと思う。本当に愛していたからこそ、他の人に託すことができたのではないか。私にはそう思える。

⑧ 香りが悩ましい

中学生となってしばらく経ち、誰もが生活の変化に慣れたようで、わが家には息子たちの友達が再び集まるようになった。特に水曜日は、学校が早く終わることもあって、午後三時過ぎには制服姿の男子たちが立ち寄ることが多い。わが家が帰宅経路の途中にあるからなのか、それとも私が水曜日だけ開店しているお惣菜《そうざい》屋の名物コロッケを山ほど買って夕飯のおかずにする習慣があるのを知っているからか、彼らは律儀に、ほとんど勤勉なまでにやって来ては、一時間ほどキャーキャー騒いで、コロッケを食べて帰って行く。

そんな男子が集まる水曜日、私を困惑させる些細《ささい》な問題がある。大量のコロッケのコストでもなく、声変わりしたばかりの男子の、ギョエエエエ！　というカエルのおもちゃを踏み潰したような大声でもない。お花の香りだ。最近、香害《こうがい》という言葉を目にすることも多くなったが、害とまで言わずとも、あの独特な柔軟剤の香りが彼らから濃厚に漂ってくるのである。想像してみてほしい。一日中廊下を走り回って戻って来た中学生、コロッケ、お花の香りだ。困惑しない人などいるのだろうか。

中学生が去り、戦場のようになった部屋の窓を開けながら、最近流行ってるのかなあ、この柔軟剤……としばし考える。時代は変わった。私が中学生のころ、男子がお花の香りを漂わせていたら、ちょっとした話題になっただろう。それでもまあ、清潔っていうのはいいことだ。身だしなみに気をつけることは大切なこと。それに、彼らの母たちの優しさが透けて見えるようで、これはこれでいいかもね……と考えていた。

そんなある日、次男が帰宅直後に、「今日から洗濯ものはいいにおいのする洗剤で洗って欲しいんや！」と言いだした。するとそれを聞いていた長男が、「じゃあ俺もそれで洗って欲しい！」と言いだした。「え、もしかしてあの柔軟剤のこと⁉」と聞くと、「なに剤かはわからんけど、あの、いいにおいのするやつやんか！　あれで制服も胴着も全部洗ってほしい！」と、若干怒り気味に次男は言う。「えー、ママ、あのにおい、ちょっと苦手なんだけどなあ〜。剣道の胴着までって、ちょっとそれはやめたほうがいいんじゃない？道場にお花の香りってどうなの？」と聞くと、いや、全部だ！　と譲らない。一体なぜ急に？　と聞くと、次男は渋々、「犬のにおいがするって言われたんや……」と白状した。

犬のにおい？　思わず、「へ？」と言ってしまった。もしかしてわが家の愛犬ハリーのことだろうか。近江の黒豹《くろひょう》、走る恵方巻き、令和のイケワンとの呼び声の高い、名犬ハリーのことだろうか？「まさかハリーのにおいってこと？」と聞き直すと、「そうや」と次男。この会話を聞いていた長男は、自分の着ている服のにおいをクンクンかいで、首をひねっていた。

読者のみなさんは、犬には「肛門腺」というものがあるのをご存じだろうか。私は以前からその存在は見聞きしていたが、はっきりと認識するようになったのはハリーを飼いはじめてからだ。今まで飼ってきた犬は中型犬だったが、肛門腺の存在を強く主張する犬……というか、存在を主張してくる肛門腺には出会ったことがなかった。

しかし、ハリーである。体の成長とともに、ハリーの肛門腺はその存在をアピールしはじめ、今となっては彼のボディパーツのなかで最も強いオーラを放っている。今まではあまりなかったことなのだが、車に誰かを乗せると、「クサッ！」と言われることが増えた。これは明らかにハリーの肛門腺から分泌される、肛門腺液と呼ばれる強烈なにおいを放つ液が原因だ。シートについてしまった液が、いつまでもにおうのだ。スカンクが出す液もこの肛門腺液だと言えば、そのにおいがどれぐらいのものかは想像していただけるだろう。次男が被害を訴えているハリーのにおいというものも、間違いなくこれが原因のひとつだろう。

正直、「だから？・」と愛犬家の私は思う。犬を飼っているのだから犬のにおいがしてなにが悪い。堂々としていればよいのだと言いつつも、私だって中学生を経験した人間だから、そうはいかないことも重々承知である。なんらかの手を打たねばなるまいと考えた。

普通は、肛門腺液はトイレのときに自然に一緒に排出されるが、なかにはそうではない個体もあるらしい。ハリーがその選ばれし個体である。解決法はずばり、肛門腺を絞るしかないそうだ。誰が？　やっぱり私？　お尻の四時と八時の位置にそれはあるとインターネットには書いてある。尻尾を持ち上げ肛門をぎゅっとつかむように絞って液を出すのだ。

賢いハリーは、私の悲壮な決意を肌で感じるのか、後ろから近づくと、大きな目でギロッと睨《にら》んで、ものすごい勢いで逃げていく。柔軟剤は一応買ったが、根本的な問題解決をあと回しにして応急処置でごまかすなんて、愛犬家として恥ずかしい。でもやっぱり勇気

人間か

が出ない。最近では、時計を見てはハリーのお尻を思い出し、ため息が出るようになってしまった。このようにして、私の生活はハリーと中学生たちに振り回されて、あっという間に過ぎていくのである。

さて、このハリーがくさい問題が解決したかというと、当然解決などしていない。わが家の車は、金輪際、家族以外の誰かを乗せることなど出来ないレベルにまで、深刻に汚染されてしまっている。大雨の日とか、どうしてもという日に息子の友達を乗せて駅や家まで送ることはあるが、彼らは決まって息を止めている。これはかりは仕方がないことだと思う。なにせ、ハリーは体重四十五キロを軽く超える大型犬なのだから。大型犬との暮らしは、楽しいことばかりじゃないのだ。

⑨ 愛の挨拶

ハリーには、人間にプレゼントを渡すというクセがある。こんなことをする犬がいるとは私も知らなかったのだが、ハリーは誰かと遊びたいとき、誰かにかまって欲しいとき、必ず、（彼の考える素敵な）プレゼントを持参し、それを渡して、「さあ一緒に遊びましょう」と誘ってくる。

私に対しても、ほぼ毎日、なにかを運んでくる。ハリーは私と目が合うと、まずは尻尾を忙しく振り、耳をピピッと動かし、ニコッと笑う（ように見える）。そして、とても楽しそうにくるりと体の向きを変え、私に広い背中を見せながらダッシュでどこかへ走っていく。そんなときはほぼ百パーセント、ハリーは自分のお気に入りのなにかをひとつくわえて、大慌てで戻って来る。

私の枕とか私の服とか私の毛布のことが多い。プレゼントというよりは、私のものでは

ないかという気もするし、ブツがいちいち大きいのだが、そこはかわいいので許そうと思う。そしてハリーはそのプレゼントを、ぐいぐいと私に押しつけてくる。さあ、引っぱれ、力いっぱい引っぱってくれ、そうしたら俺も引っぱり返すから！　と、誘っているのだ。その大きくて黒い瞳が、頼むから一緒に遊んでくれよと言っているように輝いている。仕方ないので少しだけ引っぱってやる。するとハリーは目を見開いて、よいしょ！　よいしょ！　と、楽しそうに引っぱり返し、ブンブン首を振って、どうだ、俺の力を見てみろ、こんなものは、こうしてやるぞ！　やい！　どうだ！　それ、それ！　と、自分の力を誇示したりする。

正直、なにが楽しいのかはわからない。しかし、ハリーにとって、それは重要なコミュニケーション手法らしい。というのも、うれしいときや、初対面の人に会うときも、必ず彼はこのプレゼント作戦を展開するようになったからだ。ただの愛情表現ではなく、彼にとってその行為は、相手に気持ちを伝える手段なのだ。そのうえ彼は、双方向のコミュニケーションを求めている。引っぱり合うことで、彼は楽しみを共有しようとしている。そのプレゼントには、彼の「好き」の気持ちが込められている。それを発見したときは、かなり感動した。ハリーってデカいだけじゃないいんだな、愛の伝道師なんだなと、目がウルウルした。

ハリーはとにかく人間が大好きな犬なのだが、その大きさと顔の怖さゆえ、初対面の人には避けられることが多い。いくら尻尾を振ってかわいらしく振る舞っても、いくらお腹を見せながら転がり、服従の姿勢を示しても、ハリーが望むような遊びに付き合ってくれる人は、そう多くない。ほぼ、皆無と言っていい。

しかし稀《まれ》に、そんな彼を全身で受け止めてくれる犬好きの人間がわが家に現れることがある。先日も、ちょっとした打ち合わせのために、わが家に一人の男性がやって来た。誰かがわが家にやって来るときは、ハリーは必ず車の中に待機させるか、別の部屋に閉じ込めておくのだが、この日は少し長めに話をしなければならなかったため、時間通り玄関に現れたその人に、「大きい犬がいるんですけど、大丈夫ですか？」と聞いてみた。するとその人は、ぱっと表情を明るくして、「ぼくは、小さい犬から大きい犬まで、すべて大丈夫です！」と言ってくれた。ヨシ、こいつはいけると思った私は、「それじゃあご紹介させて頂きますね。繰り返しになりますが、デカいです」と言い、ハリーを閉じ込めていた部屋のドアを開けた。

案の定、ハリーは弾丸のように男性に向かって走っていき、いきなりドタッという音を出しつつ床に寝転がり、お腹を見せた。尻尾は激しく振られていて、床のほこりを巻き上げていた。男性は一切怯むことなく、「よーし、よーーし!」と大きな声で言いつつ、ハリーの腹をわしゃわしゃと撫《な》でた。ハリーはたぶん、「こいつはデキる」と思ったのだろう、急いで立ち上がると、今度は男性に体当たりし、一人と一匹は、しばらくもつれ合うようにして出会えた奇跡を祝福していた(ように見えた)。

ハリーが面白いのは、ここから先である。全身を使ったコミュニケーションが終われば、彼はあっさりと去って行く。ここから先は人間同士でよろしくお願いしますみたいな雰囲気を醸し出しながら、スタスタと行ってしまう。自分の寝床に戻って、グーグー寝るためである。私がいつも、ハリーが大変なのは最初の三分ですと言うのはこれが理由だ。激しいわりには、すぐに飽きる。これがハリーの特徴である。悪い男だな。

しかしこの日わが家を訪れていた人は、私の予想を超えた犬好きだった。ミーティングが終わると、彼は明るい声で「ハリー!」と呼んで、別れを告げようとしたのである。ハリーは、ドガッ！　という音とともに立ち上がると、魚雷のようにすっ飛んで来た。が、途中でピタリと止まると、くるりと向きを変えて、寝床に全速力で戻っていった。ああ、プレゼントを取りに行ったのだなと思った。いや待てよ、なにを持って来るつもりだ？　ま、まさか持ってきてはいけないものを持って来るわけではあるまいな……？

意気揚々と戻って来たハリーがくわえていたのは、やっぱりというかなんというか、私のババシャツだった。私が止める間もなくハリーはババシャツを男性に渡すと、尻尾を勢いよく振りながら飛びついた。しかしここでまたしても奇跡が起きた。男性はハリーが持ってきたババシャツなどどうでもよかったようで、さっと受け取り床に投げ捨てると、「さあ来い！　よーし！　よーし！」とハリーと激しく遊びはじめたのである。

人が好き過ぎる犬と、犬が好き過ぎる人。一体なにが繰り広げられているのだろうと唖《あ》然《ぜん》としつつも、なんて幸せな世界なのだろうと考えていた。

⑩ 不安な日々に

新型コロナウイルスの感染が拡大し、政府が突然の休校措置を決めた。もちろんわが家の息子たちの通う学校も休校となってしまい、家の中に中学生二名と大型犬が常にいるという、私にとっては危機的状況が続いている。この先どれぐらい続くのか、はたまた終わりが来るのか、不透明なままだ。

中学生がずっと家にいるということは、ひっきりなしに食べるということである。少年とは、朝から晩まで、なにか口に入れたがる生きものだ。どれだけ用意しても、あっという間に食材はなくなっていく。仕事の合間を縫って、急いで買い物に行き、慌てて調理し、食べさせる。ガツガツ食べる少年を見て興奮した犬が、「俺にもよこせ！」と大声で吠えて、暴れ出す。カオスの上にカオスをたっぷり乗せたような光景が展開される。書いているだけでぐったりだが、これが私の現実である。

中学生男子は反抗期真っ盛りのうえ、耳には常にイヤホンが刺さっている。時折、唐突に、「他の誰かになんてなれやしないよ」と大声で歌う。ヘビでも踏んだのかというほど突然、手足を激しく揺らして踊ったりする。踊りながら私の足を踏む。むすっとしながら起きてくる。むすっとしながらいつまでも寝ない。風呂が長い。話しかけても答えない。答えたとしても、「それで?」とか「あ?」とか、そんな声が返ってくるだけだ。友達と話すときはめちゃくちゃに明るいが、私と話すときは声のトーンが下がる。切り替えスイッチでもあるのか? ヒマがあればLINEかYouTubeである。勉強しろよ、勉強を!

犬の場合は、憎らしいことを言わないし、反抗もしない。すぐ寝るし、私が動けば飛び起きる。山ほど食べるけれど、そもそもドッグフードだから楽ちんだ。しかし、容赦ない馬鹿力で私の体力を奪う。ベランダに出て通行人に吠える。まくらを振り回しながら走り回る。風呂場になぜか入ってシャンプーボトルを運び出したりする。体を洗うタオルを首に巻き付けて歩いていたりする。ヨーグルトを食べては、口についたそれを壁になすりつける。よくよく考えれば、犬だってややこしい。

普段は、部活があったり友達と外出したりで、週末といえども息子たちとずっと顔をつきあわせることはない。しかし、今回は、不要不急の外出まで控えろとのお達しである。そんな無茶な。相手は思春期の少年と犬ですよ？　どっちも大きいですけど？

まったく、遠い目になっちゃうなあ。これから先の一ヶ月、こんな調子なのかなあ？私の仕事、どうなっちゃうんだろう。今年一年はスローダウンするって決めていたのに、スローダウンはおろか、スピードアップして前倒しして作業をしなくてはならなくなったようだ。人生、なにが起きるかわからないなんてことは、この年になればさすがに理解しているが、まったく予想していなかった角度から、突然、クリームのたっぷり乗ったケーキを全力で顔面めがけて投げられたみたいな気分だよ。ケーキは好きだけどね。

それでも私にはわずかな希望がある。ハリーがいつものように、私たちの細々とした争いごとを、でっかい体で吸収するという役割を果たしてくれるに違いないと考えている。みんなの相棒のようなハリーがいれば、森のクマさんみたいなハリーがいれば、イライラなんてどこかへ消えてなくなってしまうはずなのだ。ハリーは巨大な備長炭のように、部屋に流れる不穏な空気をゴオゴオと吸い込み、爽やかな空気にしてくれる犬だ。

ゴミが落ちていたら、「ハリーや！」、コーラの缶が倒れたら、「ハリーや！」、ドアを乱暴に閉める音がしたら、「ハリーや!」。私たちは、なんでもかんでもハリーのせいにして、その場を和やかにするという方法を知っている。ほんの少しの間続くかもしれない我慢の日々を、ハリーを撫でて過ごせばいい……少なくとも、少年たちは。ハリー、どうにかしてくれよ！　と頼めば、ハリーはその大きな瞳を見開いて、「了解しました!」とばかりに答えてくれるはずだ。

ワンワン！　というハリーの大きな声が空に響いて、打ち上げ花火みたいに広がって、気づいたら穏やかな春が来ていますように。頼むぞ、ハリー！

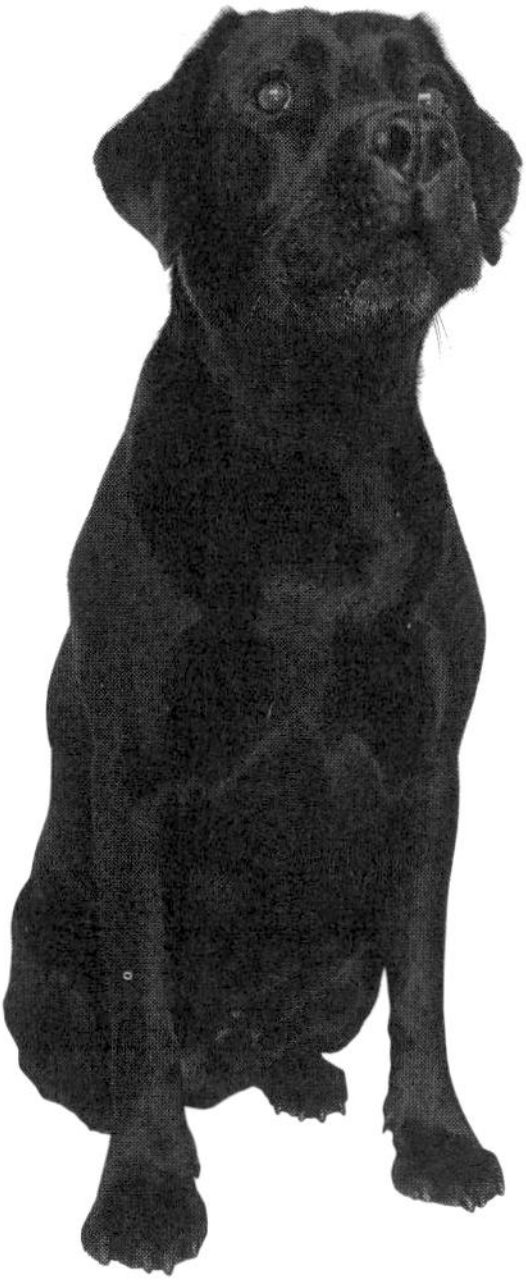

⑪ 動物だってコロナ疲れ

新型コロナウイルス感染拡大防止策として、全国の小中高校の休校がはじまり、はや一ヶ月だ。わが家の中学生の息子たちは、私が当初考えていたよりもずっと静かに、毎日を過ごしてくれている。いつ終わるともわからない休校措置に母としてはいろいろと不安を抱くのだが、子どもたちは降って湧いたような長い休みをそれなりに楽しんでいる。そして彼らの大親友であるハリーがどうしているかというと、毎日、いつもは家にいない遊び相手がいることがうれしくて、一緒に寝たり、映画を観たり、楽しそうにしている。

息子たちが毎日家にいるということは、彼らが移動する場所に、ハリーにとってはうれしい発見があるということだ。それは、ほんのわずかなポテチやクッキーのかけらだったり、パンの耳だったりする。ハリーは、そのおこぼれをひとつ残らず口に入れてやろうと、いそいそと二人のあとをついて回り、落としものを見つけては、幸せそうにぺろりと舐めては口に入れる。その落としものは、ハリーの体の大きさに比べたら、本当にわずかなものなのだけれど、これ以上ないほどうれしそうに拾うので、叱るのが可哀想になる。だから、ハリーが食べられるものを時折与えてあげなさいと息子たちに言いつけて、低カロリーの犬用おやつを買ってきた。なんということだ……。中学生二人に加えて大型犬の世話もあるのだ、私には。

それにしても、ほんの一ヶ月の間に、私の生活は大きく変わってしまった。テレワークには慣れている私だけれど、そこに息子たちが加わると、リズムに当然狂いが出る。なにせ孤独に仕事をこなすことに慣れていて、それが当たり前になっているからだ。息子たちが出すピコピコというゲームの音に敏感になる。トイレのドアがひっきりなしに開いたり閉じたりするのも、どれだけトイレに行くんだよ！　と気になってくる。冷たいお茶は一日何リットル作っても足りないし、空になったポットにお茶を補充する様子は息子たちには見られない。

いつもはハリーとともにキッチンに立ったままで簡単に済ます昼食だって、息子たちがいれば、ある程度しっかりと作らなければならない。冷蔵庫はすぐに空っぽになるので、買い物の回数も増える。驚いたのは、当然といえば当然なのだが、ごみの分量がどかっと増えたことだ。ごみの日の朝は、引っ越しでもするのかという量のごみ袋を運ぶことになる。こんなことがいつまでも続くわけがない、いや、続いてもらっては困る。なんとか耐え忍ぶのだ……と考えつつ、やっぱりなんだか疲れてしまう。そしてふと気づいたのだけれど、ハリーも疲れてきているようなのだ。

ハリーは普段、日中のほとんどの時間を、私と過ごしている。私は常に仕事をしているので、テレビもつけなければ音楽もほとんど聴かない。ただただ、キーボードを叩き続けている。きっとハリーの耳に届いているのは、カタカタというキーを叩く音、ストーブの上に乗ったやかんから出る、シューシューという湯気の音、そして風や雨の音だけだ。そのうえ、私はあまりハリーに声をかけることもない。私が歩けばハリーはついてくるけれど、頭を撫でたり、目を見たりするだけで、私と彼のコミュニケーションはとことん静かなものなのだ。それに慣れているハリーにとって、ひっきりなしに聞こえてくる、「ハリー！！！」という大きな声（それも妙に野太い声）や、「ぎょえええええ！」という奇声は、もしかしたらストレスなのかもしれない。

最初の一週間ぐらいは喜んで息子たちと朝から晩までじゃれていたハリーが、最近、息子たちがいない部屋を選んで昼寝をするようになった。息子たちが二階で大声で叫んでいると、ハリーはそそくさと一階の部屋に行くようになった。避けているわけではない。息子たちのことは大好きだ。それでも、ハリーは時折彼らから離れて、自分一匹の時間を過ごすようになった。夜は今まで次男か長男か、そのときの気分で選んで一緒に寝ていたハリーだったが、最近は私と壁の間に無理やりに体をねじ込むようにして寝ている（まるで身を隠しているようだ）。決して二人が嫌いになったわけじゃない。きっとハリーは私と同じような気持ちになっている。二人のことはもちろん大好きだけれど、できれば遠くから眺めていたい……。

ここ数日のハリーは、午前中に息子たちと一緒にテレビを見たりして過ごしたあとは、やはり静かな部屋に自分から移動して、ガムを噛んだり、昼寝をしたりしている。そんなハリーを見てなんとなく気の毒になって、先日、音が鳴るおもちゃをたくさん買ってあげた。そのおもちゃはあっという間に破壊され尽くしたが、ハリーはその音が鳴らなくなった小さなおもちゃを、私のところに運んできては、手渡してくれる。なにに対する配慮だろうか。なにを感じ取っているのだろう。

ボロボロになったおもちゃを受け取り、ハリー、もうすぐだ、きっともうすぐ元通りの生活が戻るよと心のなかで言い、そっと頭を撫でてやっている。

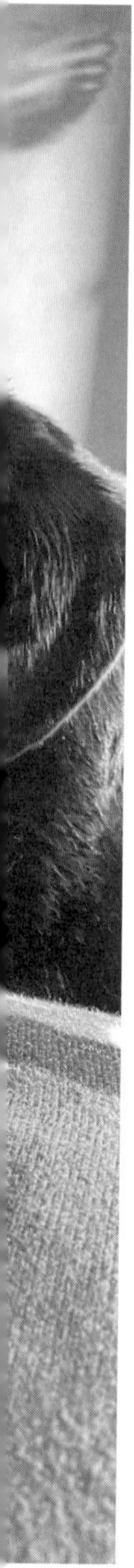

動物だってコロナ疲れ

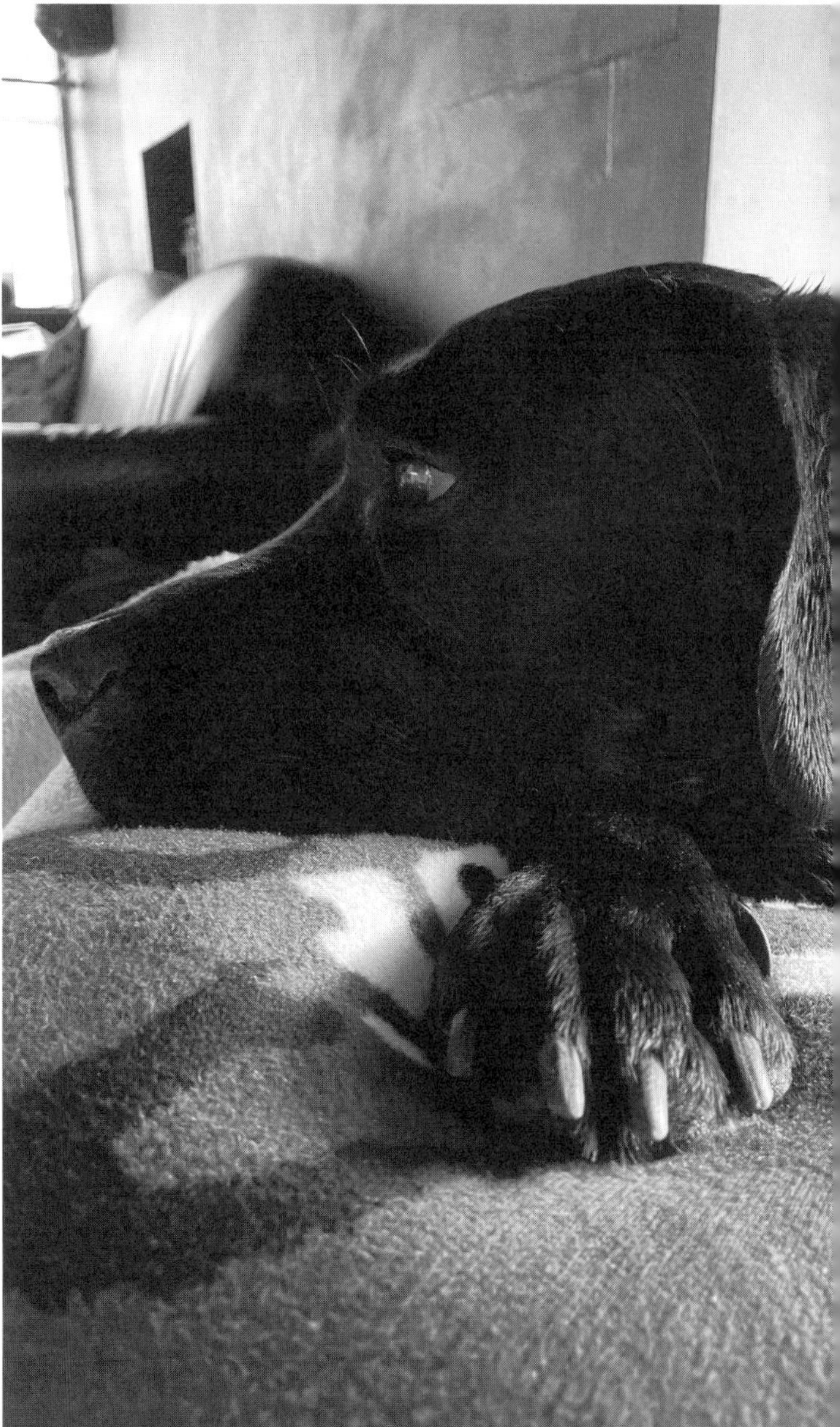

⑫ 近江の守り神

全国の学校の休校措置がはじまって、はや二ヶ月。二人は七十日以上、ほとんど外出することもなく家に閉じこもり、勉強をしたりしなかったり、ゲームを一心不乱にやったり、寝ながらポテチを食べたりして暮らしている。最近の子どもは、外出や友人との交流をある程度制限されることに苦痛を感じないようだ。友達とはケータイさえあればいつでも繋がることができるからだろう。外出なんてしなくたって、とりあえずネットがあれば不自由しない。相手にするのはハリーだけで十分なのだ。ハリーとこれまで以上に寝食をともにするような生活を送りながら、休校をエンジョイしている様子が窺《うかが》える。ハリーは、突然毎日いるようになった息子たちの大声にしばらく戸惑っていたようだが、別の部屋に移動したり、散歩でストレスを発散することで、新しい環境に慣れることができたらしい。毎日、心置きなくぐっすり眠っている。

三歳を越えたあたりから、ハリーは一段と穏やかで静かな犬になった。家のなかでは、寝ているか座っているか、食べているか飲んでいるかの、いずれかだ。部屋で走り回ったりするのは本当に稀で、普段は、真っ黒で重いサンドバッグのような体を、「なぜここで寝る？」というような突飛な場所で横たえ、地鳴りのように深くて低い、しかしなぜだか耳に心地よいいびきをかいて眠っている。それだけだ。

声をかけると、両目を薄く開いて、尻尾をぱたりと一回だけ動かして反応する。パタパタと細かく動かして反応することもある。発するメッセージが違っているのだろう。その意味は残念ながらわからない。ビニールの音がすると飛び起きるし、冷蔵庫の扉が開閉する動きにも敏感だ。それでも、ハリーは常に穏やかだ。お気に入りの場所は、窓際のソファ。窓を開けてやると喜んで座り、遠くに見える青い水面を眺め、神妙な面持ちでいる。

こんなハリーに最近ついたあだ名は「モアイ像」だ。動かざること巨岩のごとし。その大きな顔が常にぼんやりしているのもそっくりで、私がおっとりとしたハリーを好きでたまらないのは、ここに理由があるのかもしれない。実は私は、モアイ像に大きな興味を抱き続けている。その歴史を読んだときから、実物を見に行きたいと願い続けているのだ。恥ずかしながら、写真集も持っている。海を背に佇むモアイが多いというが、湖をバックに撮影されたハリーの写真は、確かにモアイ像にそっくりだ。

　犬は人間と目を合わせることが苦手な動物だと言われているが、ハリーはしっかりと目を合わせる犬だ。モアイ像にそっくりな顔でじっと見つめられると不思議な気分になって、思わずこちらもじっと見つめ返してしまう。見つめ合ったその先になにか進展があるかというと、なにもない。ハリーはそのうち、だんだんとウトウトしてきて、大きな目は次第に閉じ気味になり、そして最後には大きな顔を、これまた大きな前脚の間にどさっと乱暴に置いて、寝てしまう。「人生の真理だな」と、私は思う。ハリーは大きな宇宙のようだ（話が大きくなって参りました）。

「なんだ、寝るのか」私はいつもそこに置き去りにされる。残されるのは、心のなかの、よくわからない温かさ。ふわふわで大きな、黒くて柔らかいなにか。ゆっくりと動き、形

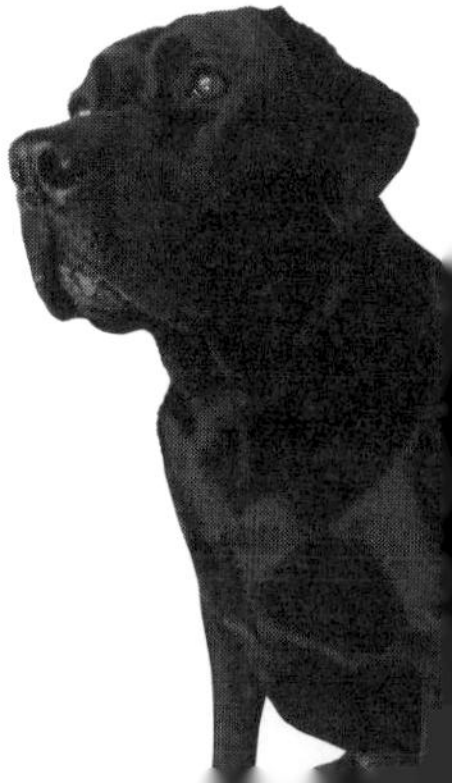

を変えながら漂い、触ると滑らかで、とても大きな存在。それがハリーだ。

　長引いた休校措置は、このままあと数週間は続くだろう。ひとりの時間が大好きな私が、家にずっと家族がいる状況で、落ちついて仕事ができるかというと、まったくできない。正面切って書いているが、本当に仕事が手につかない。罪悪感だけが、積読本のように日増しに積み上がるだけの生活だ。一日に三度も料理するなんて不可能だから、キッチンにはインスタントラーメンまで積み上がっている。冷凍庫にはソース付きパスタが、今か今かと出番を待っている。勉強をしない息子たちの様子を見ると、不安が爆発しそうになる。今は元気で暮らすことが大事なのだと自分に言い聞かせながら、イラつく心をなんとか封じ込めるようにして暮らしている。

　それでも、私にはハリーがいる。なにもしないのに抜群にかわいいし、大人しくて優しくて、大きくてかっこいい。こんな状況下であっても、誰に対してもストレスを与えることなく、静かに暮らし続けるハリー（デカ過ぎるけど。山ほど食べるけど）。ハリーはやっぱり最高の犬だ。

⑬ 安心してはいられない

新型コロナウイルス感染拡大防止のための休校措置がとうとう終わりを迎え、学校が再開されることになった、その直前の週末のことだ。長期にわたるギリギリの生活で疲労が重なり、そのうえ、授業がはじまることの不安になぜか私が押しつぶされ、胃痛で寝込んでいた。

週末はハリーと琵琶湖に行くことを楽しみにしている私なのだが、さすがにこのときは行く気持ちになれず、ベッドに寝転んで本を読んでいた。いつの間にかウトウトとしていたようだ。遠くで夫と息子たちがボソボソと、湖まで連れて行ってくれだとか、だいじょうぶ、いつも通りだから……とかなんとか、会話しているのをぼんやりと聞いていた。玄関ががらがらっと開く音、ハリーの喜びに溢れたハァハァという息づかい、そして、息子たちのバタバタとやかましい足音……ん？　ハリーと子どもたちだけ……？

ガバッと飛び起きた。急いでリビングに行くと、夫が映画を観ながら優雅に赤ワインを飲んでいる。え、この人、ここでなにをやってるの？　と思い、焦って聞いた。「ちょっと、ハリーの散歩は？」するうと夫はこともなげに、「さっき、子どもらが行った」と言うではないですか。涼しい顔して、赤ワインを飲みながら。私のほうはといえば、血の気が引いた。

ちょっと待って。週末の琵琶湖には犬連れが多い。ハリーは相手を見て行動パターンを変える犬で、リードを持つ相手が双子の息子たちとなると、半端なく暴れん坊になる（ちなみに私が相手だと、まっすぐ歩くだけのイケワンとなる）。そして、琵琶湖に行くには国道を渡る必要がある。この国道は福井まで続く二車線で、大型トラックの行き来が多い。その先は、自粛が明けてすっかり人の多くなった浜辺に行き当たる。まさかだけれど、田舎育ちで自由奔放な息子たちが、晴れやかな天気によりいっそう自由な気分になり、まさかまさか、オフリードをするのではないかとドキドキしはじめた。

いや、オフリード云々《うんぬん》というより、ハリーに振り回され、リードを放してしまい、あげくの果てに、明るい性格のハリーが浜辺でくつろぐ若者のところに魚雷のようにすっ飛んで行き、飛びつき、じゃれつき、あああああああ……！！！

　二人ともケータイを持って出ていることを確認すると、早速次男のケータイを鳴らしてみた。もちろん、反応なしだ。次に、祈るような気持ちで長男のケータイを鳴らしてみた。留守電だ。ああ、どうしよう。不幸中の幸いで、行き先はだいたいわかっている。今から車を出して、先回りしようか⁉　いつも行くあたりに向かっているとしたら、すぐに出発すれば先回りできるはずだ。いつもの駐車場に車を停め、浜辺に沿って少し戻れば、二人と一匹に出会えるはずだ。

　上機嫌で映画を観ている夫を睨み付けて、「なんで子どもだけで行かすワケ？」と問い詰める。「いくらなんでも危険でしょ。まだ子どもだよ、あの子たちは。そのうえ、ハリーは相手が双子だとわかると、一気にアホ犬になるのに！」そう怒る私に夫は「子どもだけって言ったたって、もう中二やで。そろそろ行けるやろ」と、のんきに言うだけだった。腹が立つ。

　まったく危機感がなさすぎる。犬同士の事故はよく聞く話だ。いくらハリーが温厚な性格だとはいえ、もしいきなり明るい犬が挨拶がてら近づいてきたりしたら……！　怒りはしないとは思うけれど、怪力を発揮して双子を振り回すに違いない。私の頭のなかに、ハリーと架空の犬の激しいじゃれ合いが繰り広げられた。それをギャーギャー言いつつ、なだめようとし、余計に事態を悪化させて、リードでグルグル巻きになる双子の姿を想像して、より一層青ざめた。

そのときだ、LINEに通知があった。ケータイに飛びつくと、次男からだった。震える指で急いで開くと、なんと撮影されたばかりの動画が送られて来ていた。浜辺をハリーと一緒に走る、満面の笑みの長男の姿が撮影されていた。なぜかBGMまでついている。イメージビデオかよ。ちょっと待て、BGMをつける余裕があるのか⁉ 大丈夫なのか⁉

急いで、「周りに人がいないか注意して！ リードは放さないようにね！ ハリーが逃げないように！！！」と悲壮な顔をしながら打ち込み送信すると、戻ってきた答えは「りょ」だった。なんだそれ……。

結局、一時間ほどして、双子とハリーは上機嫌で戻って来た。玄関先で今か今かと帰りを待っていた私に、「そんなに心配することないで。ちゃんと散歩させてきたから」と、息子たちは涼しい顔だ。

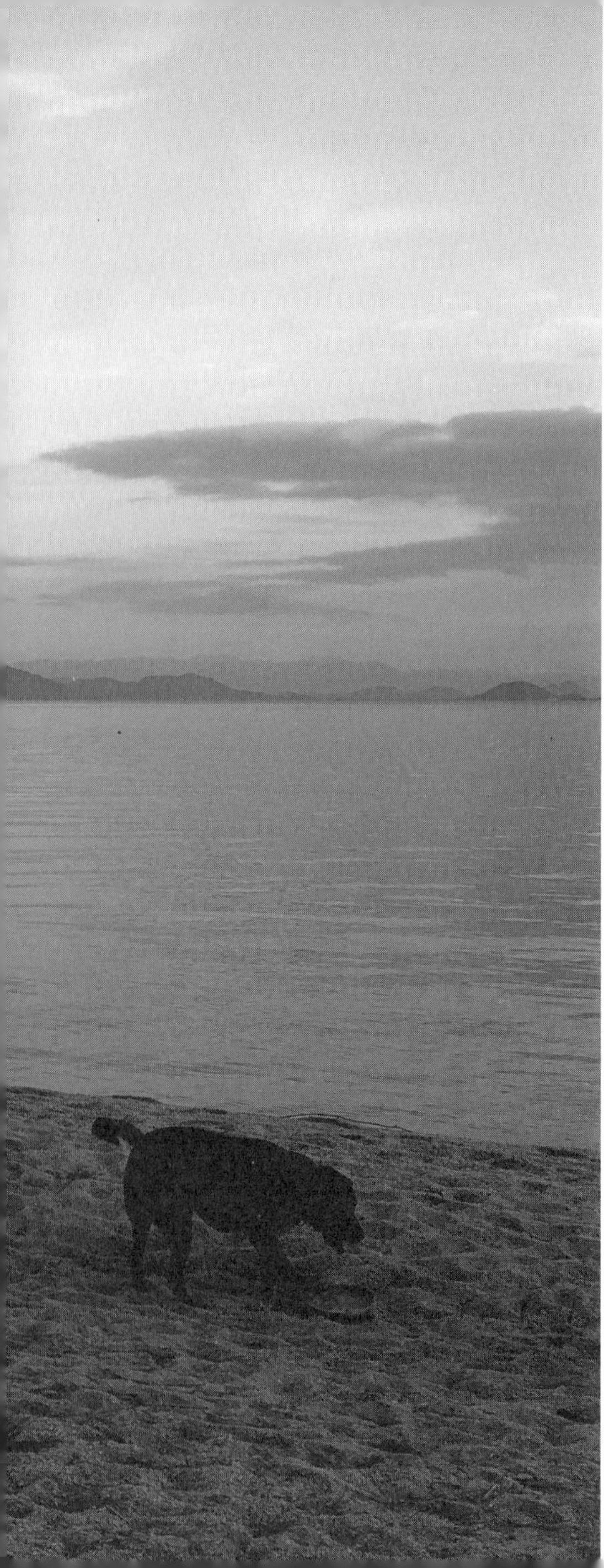

げっそりとした。私が心配性なのか、それともわが家の男子チームが大胆なのか。無事に戻ってよかったけれど、余計に胃が痛くなったのは言うまでもない。

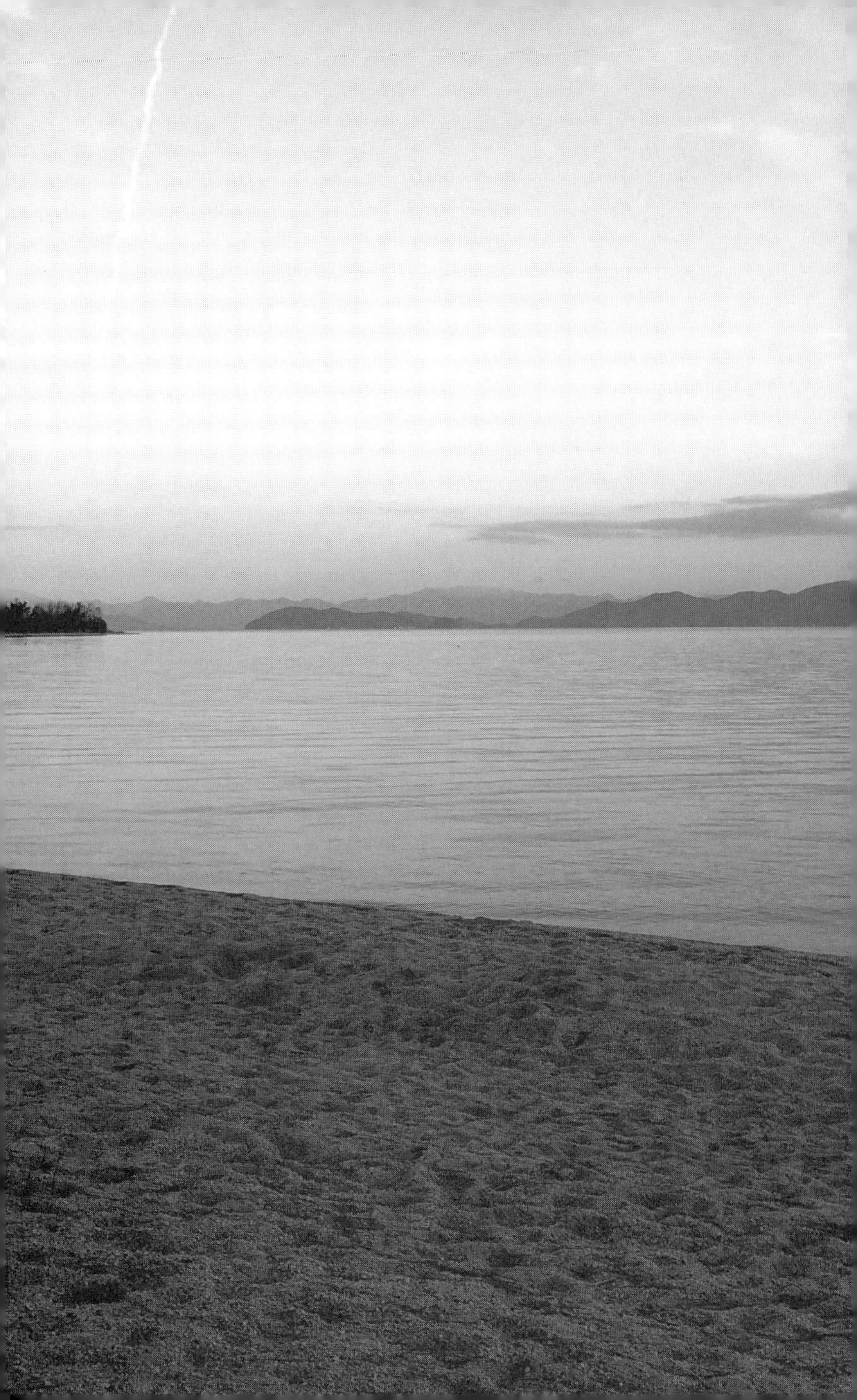

⑭ 薬の時間

わが家の愛犬ハリーは人間の言葉をたくさん覚えている。驚くほどのイケワンのうえ、性格も穏やかで、人間の言葉を理解するほど賢いのだから、もうこれ以上望むものはひとつもないが、あえて言えば、もう少しダイエットを……。いやいや、そんなことを言いたかったのではなく、ハリーは本当に人間の言葉をよく理解する犬なのだ。それも、彼は単語だけではなく、人間が交わす会話、そして場の雰囲気を読み、的確に行動することができる。この点においては、息子たちよりも優れていると言っていい。

ハリーはほぼ一年中、つまり連日、湖で泳いでいる。たとえ真冬であっても、雪が降っていてもお構いなしで泳ぎまくる。風があまり強くなく、気温もそれほど高くない今の梅雨の時期は、ハリーにとって、最も安全に楽しく泳げる時期だから、最近では朝晩二回も泳いでいる。しかし、湿度が高い梅雨の気候が原因なのか、ちょっとしたトラブルが増える時期でもある。目と耳そして、肌トラブルだ。

ラブラドールは目が弱い（目やにが出やすい）犬種だそうだけれど、ハリーも例外ではない。普段からこまめに拭いてやる必要があるが、この季節に湖で泳がせると、目がかゆいのか、前脚で少し擦《こす》るような仕草をしたり、目を赤くしていることがある。もちろんすぐに獣医のもとに行き、目薬をもらう。「泳がせました？　え、毎日？　それは、ねえ……」と、獣医さんのセリフはほとんど決まっている。

目だけではない。垂れ耳のペットを飼っている方であれば一度は経験されているだろうが、彼らの耳はすぐに感染症を起こす。ハリーも耳が弱く、泳いだあとにかゆそうにしていることが多い。もちろんすぐに獣医のもとに連れて行く。「あー、湖でしょ？　しばらく泳がないようにしないとねえ……」と、しばらく泳がないようになんて無理な話だと薄々気づきながらも獣医は言う。

そして最後に、肌である。肌っていっても、絨毯《じゅうたん》のように黒い毛がびっしりと生えているハリーなのだが、地肌（ちなみに色白です）の部分がかゆくなって、ぼろぼろと剝《む》けてくるときがある。これももちろんすぐに獣医に見せる。薬用シャンプーをもらう。獣医はもう、泳がせるなとは言わない。

そして、薬を与えるのは私の役目だ。ハリーが目薬や点耳薬が嫌いなのは、冷たいから（冷蔵庫に保管しますよね？）だと気づいた私は、薬は冷蔵庫から出してしばらく置いて、常温にしてから投与するようになった。しかし、関西でもトップクラスに賢いかもしれないハリーは、私が冷蔵庫の上段にある、小物を収納するスペースに手を伸ばした瞬間、悟るのだ。俺は今から目に妙な液体を入れられるのだと。そして、逃げる。

一心不乱に逃げ惑う。玄関のドアの前に追いつめると、耳を垂れて観念した様子になる。ごめんねと言いながら、目薬を投与して、必ずおやつを与える。それも、特別サービスでハリーが大好きな干し芋にしている。薬の時間が嫌いになってもらっては困るからだ。

それなのにハリーは、私が「あ、耳の薬の時間だったわ」などとうっかり口にしようものなら、その「耳」という単語に反応して、走って逃げるようになった。試しに、何の脈絡もないところで、「耳」と言ってみると、ぐわっと立ち上がって、鋭い視線でこちらを睨み、踵《きびす》を返して息子たちの部屋に避難していく。もう二十回ぐらいテストしたから確かだ。ハリーは、「耳」、「目」、「病院」、「シャンプー」という単語をしっかりと覚え、それを不吉なことが起きる前のアラームだと思っている。私が冷蔵庫の上段に手を伸ばすと、「来た！」とばかりに走り出す。私が手にしたのがわさびのチューブであっても、とりあえず逃げるのだ。

薬を与えるという嫌われ役を買って出たせいで、最近、ハリーは私から少し距離を置くようになった。私が仕事をしていると近くにいるのは今まで通りだが、少し離れた場所からじっとりとした視線を投げてくる。ハリーのためを思っての行動が原因で避けられてしまうなんて皮肉すぎる。

でも、かわいいからいいや。

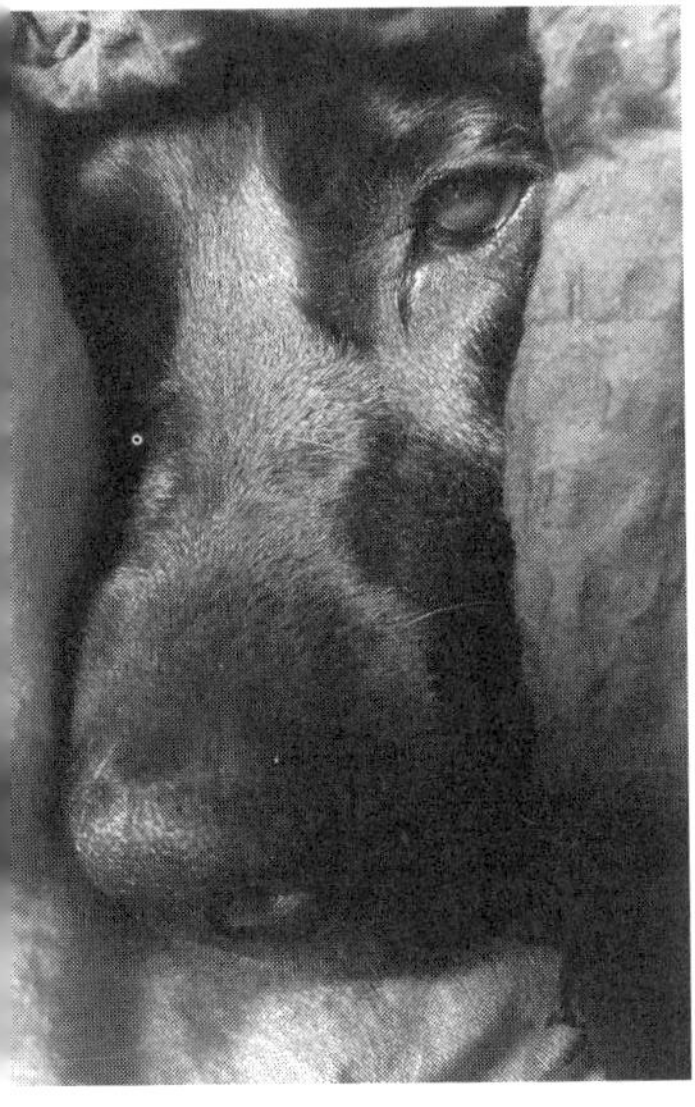

つぶれてもイケワン

⑮ ダイエットの秘訣

　近江の黒豹、走る恵方巻き、漆黒のドラム缶など、様々な呼び名をほしいままにしていたわが家の愛犬ハリーだったが、先日、動物病院での定期検診で、約四キロのダイエットに成功していたことがわかった。これは驚きの数値である。犬が四キロ痩せるというのはなかなかの事件だ。つまり、ハリーから小型犬一匹を引いたようなイメージであり、犬が犬一匹分痩せたという、つまり犬史に残る快挙である。

　ハリーが最もふくよかだったとき、彼の体重は四十八〜五十キロ程度あった。痩せ型の女性一人分の重さだ（犬だけど）。図鑑などを見ると、ラブラドール・レトリバーの最高体重はだいたい三十五キロぐらいなので、ヘビー級なんて軽く上回る、犬界のスーパーヘビー級チャンピオンだった。

　それでもわが家では、ハリーに無理なダイエットを強いてはいなかった。というのも、運動量がとんでもなく多いからだ。とにかく、走りまくり、泳ぎまくる。休むことを知らない犬だ。そのうえ、脂肪が多いというよりは、驚くほど筋肉質で、身近で暮らす私たちからすると、惚《ほ》れ惚《ぼ》れするような健康体だった。

　ハリーの体は、触ると跳ね返ってくるような筋肉に包まれていた。「むしろ近江牛って感じでよくね？」と、その輝く立派なムキムキバディーを褒め称えていた。この犬は滋賀のロッキーだね、シルベスタ・スタローンにダイエットとか、笑っちゃうね、アハハ〜……なんて気持ちだった。こんなに運動して、これだけ大きいんだから、もう仕方ないいんじゃない？　なーんて言っていたのだが……。

　ハリーに会うひとの多くが、「うわあ、大きいなあ〜！　でも、ちょっと太ってない？」とか、「かわいいけど、でかいなあ〜。もしかして太ってる……？」と、散々な感想を漏らすようになった。そのうえ、「もしかして同じようなものを食べさせてる？　人間の食べ物を食べさせてないよね？」と、飼い主が太ったから犬まで太ったと言いたげなんである！　失礼なッ！　人間の食べ物なんて、食べさせてるわけないっしょ！

　しかしながら、確かにハリーにはオーバーウェイト気味に見える角度があった。例えば、私のベッドの上にドデーンと寝ながら、こちらを振り返ったときの首筋の三段腹（首だけど）。廊下で唐突に昼寝しているときの、イカめしのように詰まった胸から下腹。うーむ、確かにちょっと大きいかもしれない……。

ということで、考えに考えた私は、ハリーのドッグフードのグレードをぐいっと上げることにした。それまで彼が食べていた、普通よりちょっとお高いフードから、堂々とお高いフードに切り替えたのである。たったそれだけで、ハリーは美しく痩せてくれた。運動量は普段通りだ。大好きなフルーツやヨーグルトも与え続けた。フードを

与える時間をしっかり決め、どかっと大量に与えないように、こまめに与えるようにした。常に新鮮な水をたっぷり用意し、低脂肪乳も与えた。なんだか完璧である。なんでこれを自分自身にできないのか。

　見事ダイエットに成功し、よりいっそう男前になったハリーは、今日もお高いフードをペロリと食べ、ヨーグルトを嗜《たしな》み、泳ぎ、走り、ぐっすりと寝ている。飼い主も同じようにすべきである。すべきだとはわかっているけれど、今日も仕事に追われ、パソコンの前に座りっぱなしの飼い主なのであった。誰か助けておくれ。

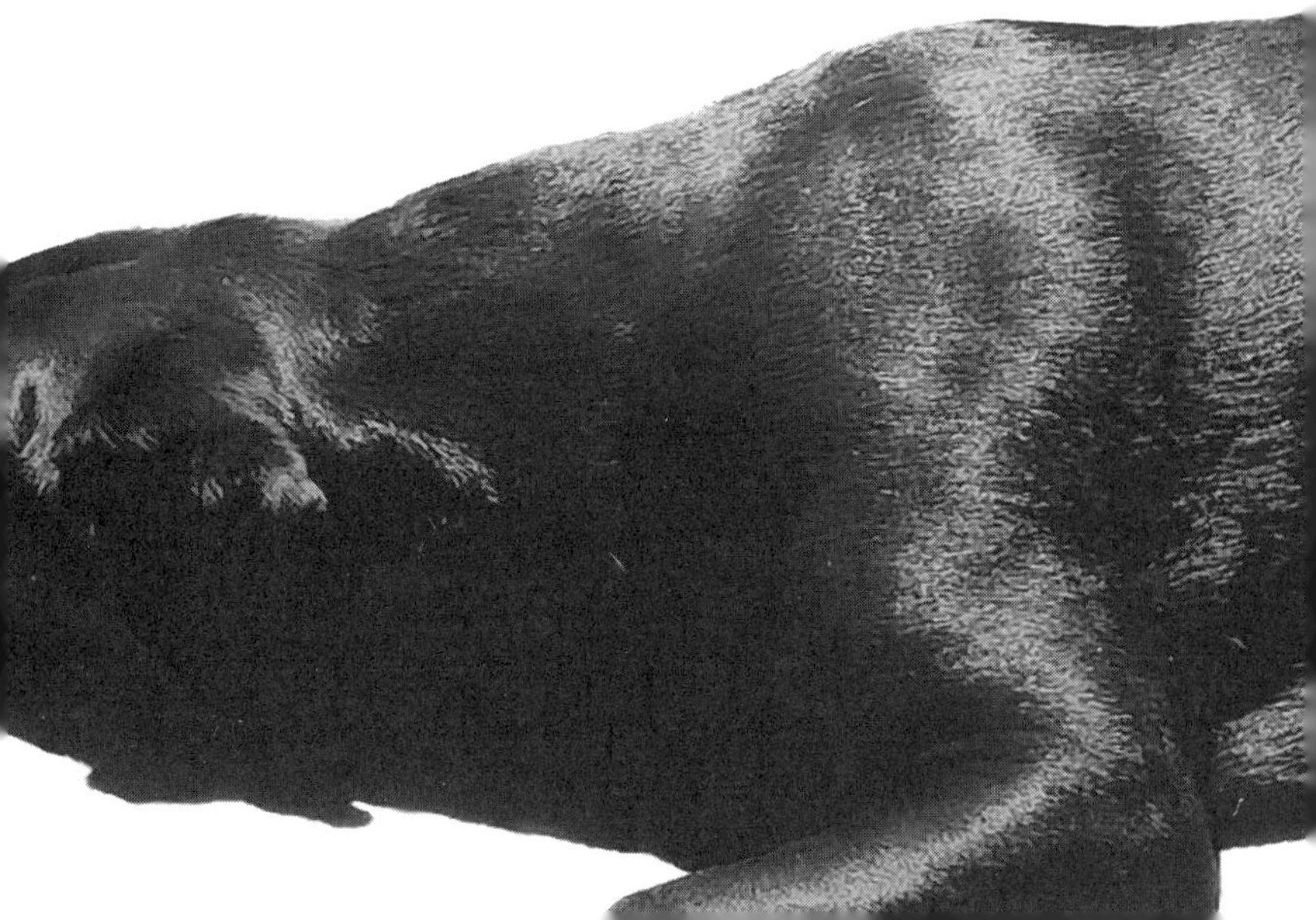

⑯ ギルティ・ドッグ

YouTubeの人気動画のジャンルにGuilty dogs（やましい表情をした犬）というものがある。飼い主が留守中にいたずらをして、その痕跡が見つかったときの、犬たちの反応を撮影した動画だ。山ほどあるので見かけたことがある人も多いだろう。最も有名なものは、ゴールデン・レトリバーのメイシーと、ラブラドール・レトリバーのデンバーによるものではないだろうか。猫用おやつを食べてしまった二匹の犬たちに、帰宅した飼い主がカメラを向け、問いかけるのだ。

「誰かが猫用のおやつを食べてしまったらしい。容疑者ナンバーワンのメイシー。君がやったのかい？」と、メイシーに尋ねる飼い主。穏やかそうな老犬のメイシーは、あまり反応しないものの、明らかに何かを知っている顔だ。「……君じゃないみたいだな」

飼い主は続ける。

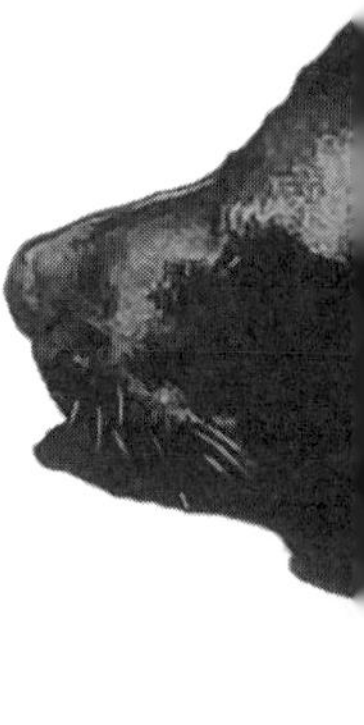

「容疑者ナンバーツー……」と飼い主が言った瞬間、カメラに映ったデンバーは、すでに自らの犯行だと自白したような姿だ。両耳を下げ、目を閉じ、尻尾を小さくパタパタと振りながら、いかにも反省した表情なのだ。

「デンバー、まさか君か？　君がやったのか？」と問いただす飼い主に、デンバーは完全に降参しているようにも見える。前歯をムキッと出して、まるで何かを取り繕っているようだ。その人間のような表情に驚いてしまう。怒った飼い主にいつもの反省部屋へ行くことを促されたデンバーは、とぼとぼと歩いていく。その後ろ姿には哀愁が漂っている。

https://www.youtube.com/user/foodplot

これが有名になった動画の内容なのだが、デンバーだけではなく、犬はよくこの表情をするなあと思う。飼い主が怒って自分に何かを言っていることを理解した犬は、ほとんどの場合、耳を下げ、上目遣いに飼い主を見て、尻尾を細かく振ってみせる。あるいは視線を逸らしたりする。明らかに、「私は反省している」と示しているようにも見えるのだが、多くの場合、犬は怖がっているだけなのかもしれないと私は思っている。だから、ハリーがなにか悪いことをしたとしても、Guilty dogs 動画の真似をして、何度も何度もハリーを叱ることはしないようにしている。もちろん、叱るときはあるけれど、一度だけ、なるべく短く叱ることを心がけている。

しかし、時には私も我を忘れることがある。例えば、生ゴミの入ったゴミ箱をひっくり返して部屋中にゴミをまき散らした先日などは、ハリーに対してあまりにも甘いために菩《ぼ》薩《さつ》と呼ばれる私も激怒した。思わず大きな声を出したのだ。「コラーッ!! ハリー、なんてことをしたんや！」と怒り散らす私に対してハリーが、Guilty dogs のように反省するそぶりを見せるかというと、まったくのゼロである。フリでもいいからやったらいいのに。

怒りまくる私をじーっと見つめるハリーは、置物かなと思うほど無表情だ。しばらくすると私からめんどくさそうに目を逸らし、窓の外をしばし眺めて、フーッとため息をついたかと思うと、おもむろにドタリと横になって寝はじめる。アレッ？ 反省は一切なしですか？？

あまりに無反応なのでこちらもムキになって、「ハリー、だめでしょ、ゴミ箱をひっくり返したら！ こんないたずらしたら、家中が汚れてしまうじゃないか！」と大騒ぎする。

しかし私がいくら必死に訴えても、米俵のように横になったハリーは大きな目をわずかに開き、ちらっと私を見て、「だから?」という表情をするだけだ。一分後には再び眠りに戻ってしまう。顔色ひとつ変えない。真っ黒だ。

ハリーのいたずらの回数は極端に減ったものの、最近はそのスケールがアップしているように思う。ゴミ箱をひっくり返すときは、完全にひっくり返し、部屋中にまき散らす。食べ物を盗むときは、盗んだうえで茶碗を割りまくる。大型犬はいろいろと大胆だし、肝も据わっているので番犬としては頼りになるのだが、飼い主としてはまったく苦労が絶えない。

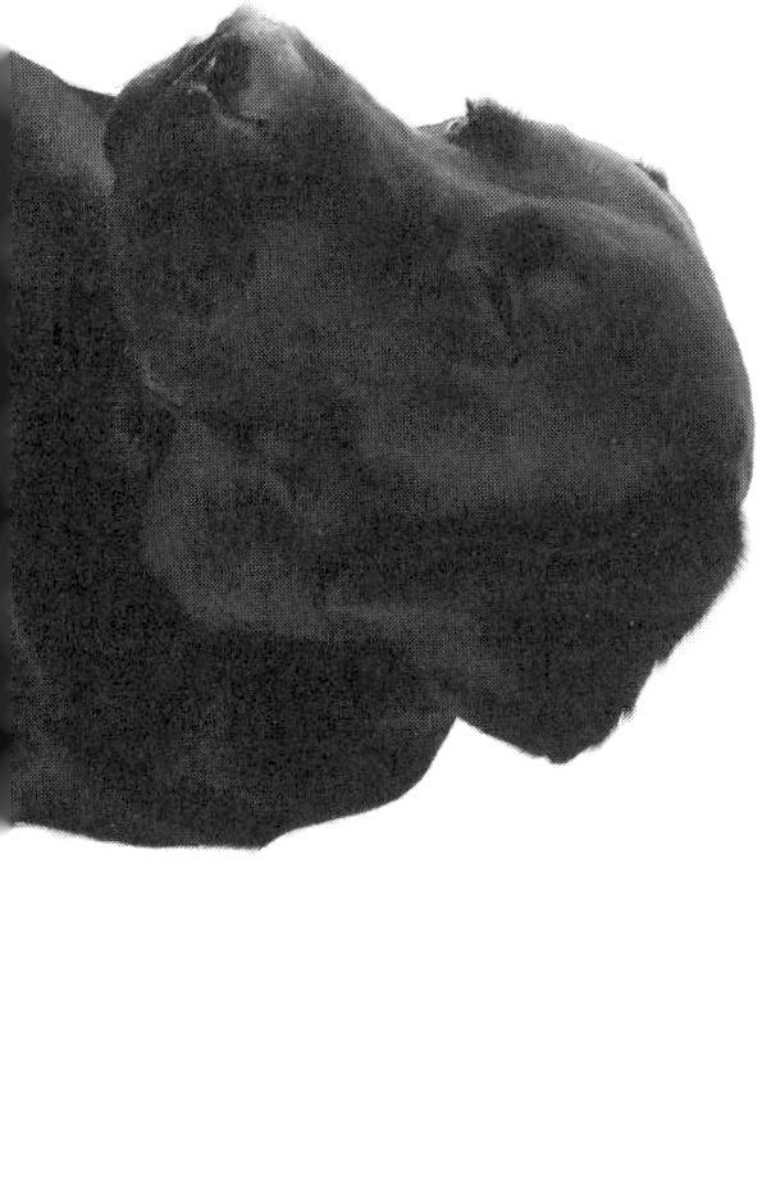

⑰ きみがいてくれるだけで

二〇二〇年は、本当にややこしい年だと思わざるをえない。

年が明けて間もなく新型コロナウイルスの感染拡大がはじまり、学校は休校、東京オリンピックが延期となり、国中が一斉に自粛生活を余儀なくされ、多くの企業でリモート勤務がはじまり、猛暑がやって来て、とうとう首相は退陣を決め……こんなことが起きるなんて、誰が想像しただろう。のんびりしている人が多いわが家でも、さすがに至るところに影響が出はじめた。

最も大きな影響が出たのは子どもたちだ。経験したこともないほど長い休校（三ヶ月）からの登校、そして登校開始から一ヶ月後にはじまった短めの夏休み。その短い期間で、定期テスト、部活、学習塾の夏期講習などが次々とやって来た。大人からすれば、降って湧いたような休校はちょっとうらやましいし、部活は楽しいことばかりでしょ？　なんて

息子がかぶっているのは、めちゃデカ羊毛フェルトの牧畜犬プーリー

思ってしまいがちなのだが、本人たちにとっては、かなり大きなストレスがかかる日々だったようだ。ここにきて、子どもたちの様子が変わりはじめた。

年齢的なものもあるとは思う。なにせ十四歳だ。大人でもないし子どもでもない、本当に中途半端な状態だ。そのうえ、ひどく傷つきやすい。親の言葉がすべて心に突き刺さるらしい。こちらも手加減しなければと言葉を選ぶと、途端にすべて許されたと勘違いする、めんどくさい生きものである。自分は大人だと信じ込んではいるが、困ったことが起きると突然、子どもに戻るお調子者。私にもひどく覚えがある。簡単に言えば思春期であり、たぶん二人は大人になりかけている。態度の端々に、イラ立ちのようなものも見えている。ママ友と話をすると、どうもわが家に限った話ではないらしい。

そりゃ、そうだよね……と思う。だって、私たち大人だって、ここのところずっと、イライラしていませんか？　正直な話、私は結構イライラしている。例えばリモート勤務になった夫が、私が必死に仕事をしている後ろで冷蔵庫からやかましくアイスコーヒーを出して、ガラガラとグラスに氷を投げ入れ、ドバドバとコーヒーを注ぎ、ごくごくと飲み干して、プッハー!!　うまあいいい!!　と言ったりすると、本気でイラつく。ＳＮＳの世界を見てみれば……これはもう、詳細を書く必要もないだろう。ややこしい衝突があちこちで起きている。だから、子どもたちがイライラとした表情で部屋に閉じこもっていても、それは仕方のないことだと思うようになった。普段は大人しい長男でさえ、部屋のドアに鍵をかけているくらいだ（！）。次男に至っては、ＬＩＮＥで用事を伝えてくるようになった。親子の会話がＬＩＮＥて……。

でも、私にはとても頼りになる助っ人がいる。近江の黒豹、走る恵方巻き、チャーミングなサンドバッグとの愛称もすっかりおなじみとなった、わが家の愛犬ハリーだ。環境の変化と思春期が重なり、イラ立ちを隠せない息子たちのそばをハリーは片時も離れないでぴったりとくっついている。常に二人の部屋の前に寝そべって、じっとドアが開くのを待っている（そこがクーラーの冷気が最も当たる場所だからという噂《うわさ》もあるけれど）。私に対しては素っ気ない態度の息子たちも、ハリーを見ると、いつもの二人に、私が良く知る二人にあっさりと戻っている。ハリーに対しては、二人のどちらも、絶対に辛《つら》く当たったりはしないし、無視することなんてありえない。

ハリーは最近、二人の部屋を泊まり歩くようになった。どちらかといえば次男を気に入っているようだが、長男の部屋にも現れてはベッドの上で一緒に寝たりしている。次男は自分の部屋のフロアにハリー用の布団を敷いて、いつやって来てもいいように準備をしている。朝、これ以上寝ていたら遅刻してしまうという時間に私が起こしに行くと、ベッドに寝ているはずの次男が、床でハリーと寝ていることがよくある。

ハリーと子どもたちのこんな関係性を見るたびに、ハリーがいてくれたら、ハリーさえ寄り添っていてくれたら、二人が大きく道を外れることはきっとないだろうと思えてくる。ハリーさえここにいてくれたら、二人がどんな困難に直面しても、きっと大丈夫だと思えてくる。ハリーは私にとって、ペット以上の存在になりつつある。

⑱ 今夜はどこで？

例年よりも長い梅雨がやっと終わった。間髪入れずに猛暑がやって来た。そのジリジリとした暑さになんとか耐え、コロナウイルス感染拡大を阻止すべく自粛生活を淡々と送り、子どもたちの生活を支えつつ、仕事を必死にこなしていたら、なんだか外が涼しくなっていた。

庭木の葉が色づいて、はらはらと散っている。生姜《しょうが》をたっぷりすりおろした温かいうどんがすごく旨《うま》い。本当に信じられないことだが、山に近いわが家周辺では、朝晩、すでに気温がぐっと下がって肌寒い。草刈りばかりしていた夏の記憶がまだ新しいというのに、庭では黄色い枯れ葉が目立つようになっている。ベランダで居眠りするハリーのいびきがひときわ大きい。犬にとってはちょうどよい気温のようで、朝から晩までベランダで腹を出して寝ているという、うらやましい生活だ。そして魚雷ボディーは健在である。

先日、ポストにおせち料理のパンフレットがねじ込んであって、あまりのことに軽く腹が立った。こんなにも早く一年が終わりかけてしまって、本当にいいのだろうか。ふと気づけば九月であり、今年は残り三ヶ月であるなんて。書くだけで怖ろしい。残りの仕事はたった三ヶ月という短い期間ですべて片付くのか。あまりにも厳しい予測に震える思いだ……まあ、二〇二〇年はある意味呪われた年であるから、このままあっさり終わってしまってていいのかもしれない。

気温が下がるとわが家で恒例となるのは、ハリーの家族に対するハラスメントである。どのようなハラスメントかというと、人間の使う布団やベッドを奪うというもので、その執拗《しつよう》さときたら、こちらが根負けするほどだ。最近、朝、息子たちを起こしに行くと、息子が床で丸くなり、ハリーが息子のベッドの真ん中でひっくり返って寝ていることが増えた。それもハリーの狙いはほとんどの場合、次男である。なぜかというと、長男は簡単にベッドをハリーに明け渡さないからだ。そして、細身の長男はハリーにベッドを半分奪われたとしても、平気で寝つづけることができる。ハリーとしては大好きなベッドを占領できない。しかし次男は違う。

大柄な次男は、ハリーがベッドに寝てしまうと自分のスペースを確保できない。そして長男のように、率直に「ベッドから降りなさい」とハリーに言うことができない。次男はハリーのことを溺愛しすぎていて、すべてを譲ってしまうのだ。ハリーになにをやられても、いいよ、それでいいよと、されるがままになっている。だから、ハリーにベッドを取られると、喜んで自分は固い床で寝るというわけだ。ハリーは、次男が自分に弱いということを、本当によく理解している。

そんなハリーだが、ここ数日は、ぐっと気温が下がったことで、狙いを私に定めるようになった。なぜ私かというと、ハリーは私が最も良いコンディションのベッドに寝ていることまで、よく知っているのだ。なにせ私は、五十肩をいたわるべく、低反発まくらだの高反発マットレスだの、とても軽くて温かい羽毛布団だの、すべてを揃えて万全の態勢なのである。快適に眠ることに人生をかけている私のベッドまわりは、当然、ハリーにとっても快適だ。しかし、私がそう簡単に自分の場所をハリーに譲るわけがないのだ。なにせ、寝ることに人生をかけているのだから。

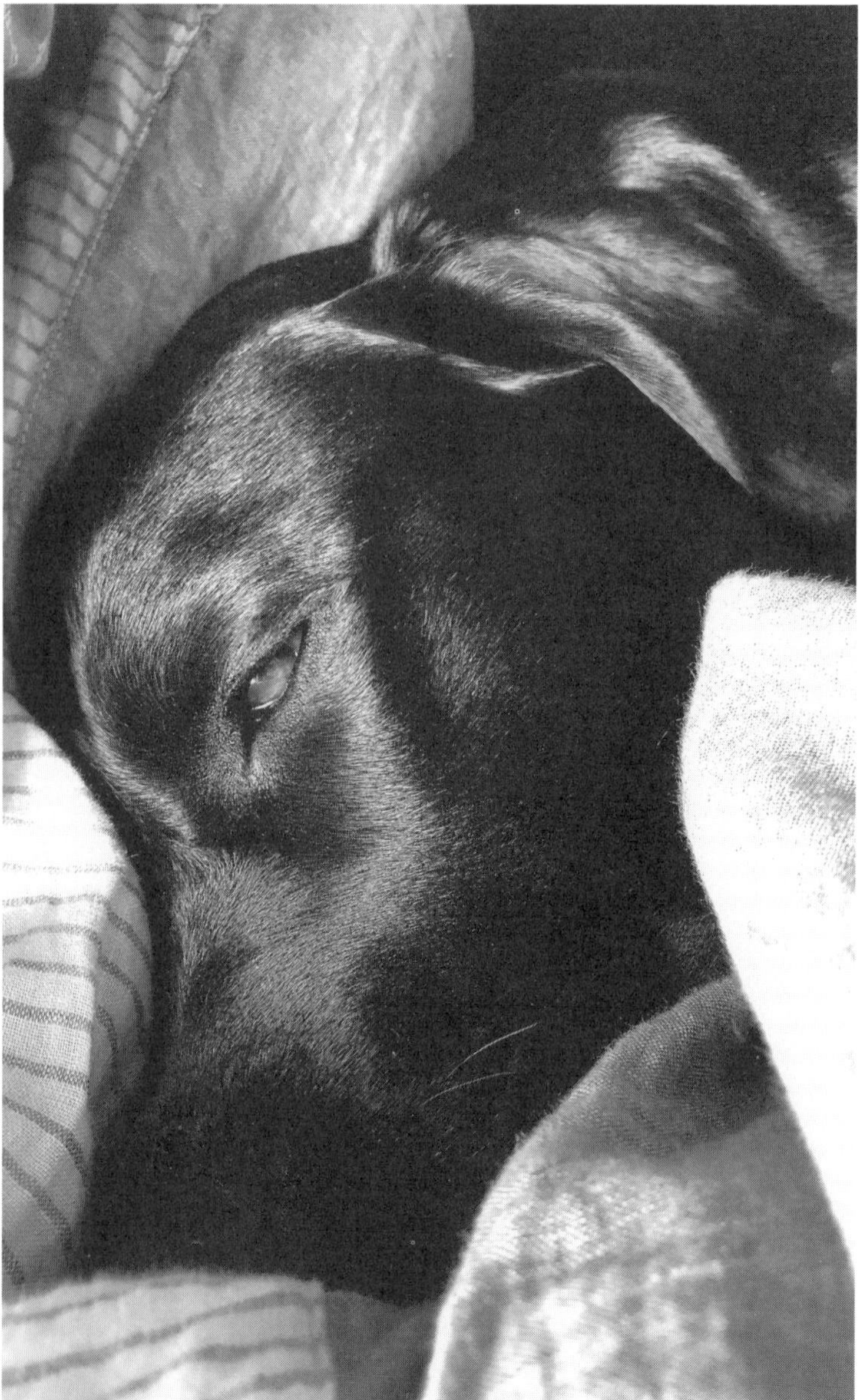

それでもハリーのアタックは続いている。昨日も、なんだか苦しくて目覚めたら、ハリーの大きな顔が私の低反発まくらの上にしっかりと埋まっていた。その大きさたるや、猫ぐらいある。私もハリーに対しては、あまり冷淡に対応することができないため、しつこく愛情を示すという方法でハリーを撃退している。まくらを取られたら、ハリーの顔の上に自分の頭を乗せて「かわいいねえ〜」などと何度も言うのだ。ずいぶん長い間がんばって耐えるハリーだが、そのうち根負けして、私のベッドを去ると、夫のベッドを奪いに行っている。夫はハリーがやって来ると、まったく抵抗することなく、すぐに床に移動している。

⑲ 大好きな秋

ハリーにとっていつがベストシーズンかというと、実は秋だったりする。犬は暑さに大変弱く、特に、大型犬で体毛が黒いハリーにとって、真夏は命の危険さえ意識して行動しなければならない時期だ。飼い主としても、とても気を遣う。

しかし秋は朝晩涼しく、アスファルトや琵琶湖の砂浜の温度もぐっと下がる。お盆のあたりを過ぎるとビーチにはほとんど人がおらず（たまにいるのは釣り人ぐらいのもの）、広い浜をハリーと私たちで占有できるのも素晴らしい。夏のバーベキューのなごりである煤《すす》けた松の枝も、ハリーにとっては格好のおもちゃだ。ときどき落ちているシワシワのソーセージだとかポテチのかけらなどを探して私に叱られるのも、ハリーにとっては楽しいことのようだ。ただ一点だけ、問題がある。

水温や水質が違うのか、それとも気温が下がるから乾きが悪くなるのか、肌トラブルが梅雨に輪をかけ多発するのも秋なのだ。ハリーの絨毯のような体毛は冬を迎えるにあたってさらに分厚くなってくるのだが、それがなかなか乾かない。夏だとさっぱりと乾いてくれるのだが、秋になってくると、しばらく地肌のあたりが濡れたままだ。もちろんドライヤーの熱風を当ててやればいいのだが、ハリーはドライヤーがなにより嫌いだ。ドライヤーの熱風に噛みつこうと、大きな前歯をカチカチ鳴らしながら、目を剝いて襲いかかってくる（私の方向に）。タオルドライすればいいのだが、最近五十肩が辛くて……いやいや、ハリーはタオルドライも大嫌いなのだ。そもそも、四十五キロの巨体をタオルドライするのに必要なパワーを想像してほしい。四十五キロなんて、ハイエナぐらいの大きさではないか。

だからいつも、「えーい、めんどくさい！　ベランダで寝なさい！」ということになるのだ。そしてハリーは、素直にベランダでひっくり返ってグーグー寝ている。秋のさわやかな風に吹かれながら、なんとなく全身を乾かしている。それでいい。それでいいのだが、肌トラブルは発生する。

肌トラブルだけではなく、耳のトラブルが増えるのも、梅雨から秋にかけてのような気

がしている。というより、夏までのトラブルを引きずって秋になるというイメージだろうか。ハリーも耳のトラブルが多い垂れ耳犬なので、頻繁に赤くなり、かゆそうにしている。だから、わが家の冷蔵庫には、ハリーの点耳薬が常に保管されている。秋は点耳薬に薬用シャンプーに、飼い主である我々も大忙しだ。フィラリアの薬もあるし、ノミ・ダニの薬も通年で与えないといけないし（田舎だから）、犬を飼うっていうのは大変なことですよ、本当に。

でも、ハリーにとって秋がなぜ最高なのかというと、実は大好きな焼き芋のシーズンがはじまるからなのだ。ハリーは、とにかくさつまいもが大好物で、焼き芋と干し芋が特に好き。秋、少し気温が下がりはじめたあたりでわが家のリビングには大きな石油ストーブが登場するが、その大きなストーブを見て一番喜ぶのはハリーだ。ストーブ＝天板の上に置かれるイモを食べることができると理解している。

私も実はストーブの天板で料理をするのが大好きで、常に鍋を置いて、そこで野菜や卵を茹でている。朝、家族が出払って私とハリーだけになったリビングで、大きなさつまいもをホイルで巻いて、ゆっくりと焼きはじめる。一時間ほどすると、部屋に甘いにおいが充満してくる。ハリーは静かに目を開き、ストーブの前にスタンバイしはじめる。

　そうやってストーブの前に座って待つことが、秋のハリーの最高の楽しみのひとつのようだ。泳ぎに行ったあとも、天板にさつまいもを乗せていればハリーはストーブの前から動かないので、体も乾いて一石二鳥。さつまいもに集中しているときのハリーは、私が耳を拭いて点耳薬を垂らしても、気づきはしない。ダニの薬を背中に垂らしても、平気な顔だ。いつもは大げさに騒ぐのに。

　とにかく、ハリーにとって、秋は最高の季節。飼い主にとっても、少しだけ楽な季節なのだ。

⑳ ハリーは枝師

ハリーが熱心に枝を集めはじめたのは、まだ一歳にもならない時期だった。ぬいぐるみのようにかわいかった子犬が、あっという間に私の想像をはるかに超えるいたずらを繰り返す、やんちゃな若犬へと成長しつつあったのがそのころだ。そのいたずらたるや、家族全員が困り果て、本当にこの子を飼い続けることができるのかと悩むほどだった。当時小学生だった子どもたちは、尖った乳歯で何度も嚙まれ、しょっちゅう泣かされていた。

家中の家具に歯形がつき、玄関に並んだ家族のスニーカーは、次々と血祭りに上げられた。私のデスク周辺では、書籍が徐々に消え、歯形をつけられ、家中に散乱した。積み上げた原稿は次々に崩され、足跡をつけられ、破られた。集中して作業をしていると突然、足首に尖った乳歯が当たる。いたッ！　と声をあげると、ハリーはうれしそうにダッシュして逃げて行く。追いかけると、ゲラゲラ笑うかのように喜んで、尻尾を勢いよく振った。

まったく、散々だった。

ハリーの凄絶ないたずらを止める方法がひとつだけあった。それは、彼の体力を奪うことだった。運動を十分させたあとのハリーは、別犬のように穏やかな聞き分けのよい犬になった。その姿はまるで、大きなぬいぐるみのようだった。大人しいハリーは、惚れ惚れするほどのイケワンで、そして賢かった。ビロードのような艶のある毛は滑らかで、ガラス玉のような目は常に輝いていた。大きな顔は凛々《りり》しくて、同時に愛嬌があった。「お手」は一日で覚えた。私の手から、優しくおやつを食べる子だった。

そもそもは穏やかな性格に違いないと考えた私は、連日、ヘトヘトになりながらもハリーと散歩に出た。とにかく毎朝、一時間ほど歩かせて、彼の体力を奪ってやればいいと考えたのだ。田んぼのあぜ道を数キロ歩く、人や犬が少ないコースを設定したものの（ハリーは他の犬に対してもやんちゃだった）、ハリーはとんでもない力で私を琵琶湖方向に引っぱって行った。それも毎朝だ。計画通りにいかないことにイラ立ちながらも、私はハリーについていくことにした。

湖畔に到着するとハリーは、必ず枝を拾い集めてきた。松の木の枯れ枝を探しては、う

れしそうに持ってきて、私の目の前にポトリと落として尻尾を振る。なんとなく投げたら、ものすごい勢いで追いかけて、拾って、戻って来た。教えてもいないのに！　そして再び、私の目の前に枝をポトリと落とし、尻尾を振る。丸い目を輝かせて。え？　投げろってこと？　と聞くと、その場でクルクルと回り出すハリー。イエスだなと感じた私は、枝を遠くの湖面に投げた。ハリーは躊躇することなく水に飛び込むと、ぐんぐん泳ぎ、枝をくわえてくるりと旋回、私のところまでまっすぐ戻って来た。この日は百回ぐらい枝を投げた。天才じゃね？　と思った。

　最初は細かった枝が、ハリーの成長ととも

にどんどん長く、太くなった。明らかに、重い枝の運搬にやりがいを感じているハリーは、長ければ長いほど、重ければ重いほど必死になった。そして、決して諦めずに、その長くて重い枝を岸まで引っぱり、そして浜へと運びあげ、私の足元に落とすようになった。枝を追いかけること、そして回収するという一連の動作に喜びを見いだしたハリーは、どれだけ投げても必ず回収した。すべてを大きな口にくわえ、縦横無尽に琵琶湖の浜を駆け回った。そして、お気に入りの枝は、家まで丁寧に持ち帰るようになった。だから、わが家の庭にはハリーが持ち帰る枝が小山のようになっている。時折、薪《まき》ストーブを所有してい

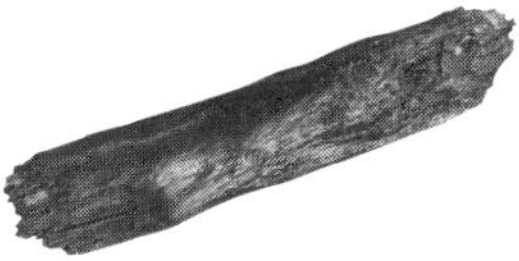

る近所の方が引き取ってくれる。だから、ハリーの枝はそのお宅のストーブで燃やされ、暖かさをお届けしているというわけだ。やっぱり天才過ぎる。ハリーはとんでもない天使ではないだろうか。

そろそろ四歳になるというハリーは、今でも現役の枝師で、連日、枝を追いかけ、泳いでいる。性格は大変穏やかで、まさにジェントル・ジャイアントだ（四十五キロ）。それでも時折、私をからかうために、風呂場のマットやトイレマットを盗んできては、私の横で振り回したりする。私の服をどこからか引っぱってきて穴を開けたりもする。かわいいから全面的に許している。

大型犬の飼育は苦労の連続であるにもかかわらず、その「苦労」という文字が、すべて脳内で「愛」に変換されるほど、彼らとの暮らしは喜びに満ちていることを、わが家のイケワン、琵琶湖の至宝、走る恵方巻き、近江の黒豹、チャーミングなサンドバッグの異名を持つ、わが家の愛犬ハリーを例にあげて説明させていただきました。

㉑ 引っぱりカ

先日、兵庫県福崎町の七種《なぐさ》山で、行方不明者の捜索にあたっていた警察犬のクレバ号（ジャーマン・シェパード）が、突然走り出して姿を消したというニュースが大きく報道された。リードを握っていた鑑識課員を強く引っぱり、あまりにも強く引っぱられたために、思わずリードを放してしまったというのだ。大型犬を飼っている方であれば、ひぃぃぃと悲鳴をあげて驚き、そしてとても心配しただろう。私もそうだった。どこかに行ってしまったクレバ号が心配で、その日の夜はなかなか眠ることができなかった。どこに行ってしまったのだろう、なにを追っていたのだろう。山のなかで怖くないのかな。訓練を重ねたエリートである警察犬でも、その訓練を支えたであろう鑑識課員であっても、このようなアクシデントは起きるのである。いわんや一般の飼い主においてをや。

幸いなことに、クレバ号は二日後無事発見された。鑑識課員が与えた魚肉ソーセージとパンを食べたという。魚肉ソーセージが泣ける。ものすごく泣ける。兵庫県警に魚肉ソーセージを箱で送りたい気持ちだ。兵庫県警には今ごろ、全国から送られて来たクレバ宛て応援メッセージが届いていることだろう。報道で「今後の活動については検討中」とあって、心が痛んだ。ただひと言、クレバよ、よく無事で戻ったと言ってあげたい。

しかし私にはもうひとつ、心配なことがある。リードを手放してしまった鑑識課員のことだ。大変な責任を感じられただろうと想像している。今まで一緒に訓練を重ねてきた相棒が失踪し、どれだけ心配だっただろう。リードを放さなければこんなことにはならなかった……と、後悔の念を抱いておられたに違いない。そして私は、こうも考えるのだ。「引っぱられた肩、大丈夫でしたか?」と。

実は数ヶ月前から、私は強い右肩の痛みに悩まされてきた。ある日突然、右肩の関節がズキズキと痛み出し、自由に動かなくなったのだ。その日以来、肩の関節の可動域は極端に狭くなり、まるでロボットのような動きしかできなくなった。仕事には支障はないのだが、仕事以外の活動にはほとんどすべて支障が出た。大好きな草刈りも無理。寝ても痛いし、動かさなくても痛い。シップを貼っても痛いし、とにかく、普通の痛みではない。結

局、強い鎮痛剤を飲まないと眠ることができなくなり、観念して整形外科に行ったのは先日のことだ。

撮影したレントゲンを見た医師は、「これを見る限り大丈夫だとは思うんですが、それだけ長期間、それも強い痛みが続いているとなると、腱板《けんばん》断裂の疑いがありますね。腕の骨と肩甲骨を繋いでいる腱がね、プチンと切れているかもしれないです」と言った。

ひえええええ！　やっぱりそうか、五十肩にしては痛いと思った！　と合点がいっている私に医師は、「実はぼくも断裂しちゃって、手術したんですよ。とにかくすごい痛みで、鎮痛剤を飲まなくちゃ眠れませんでしたね……それで、なにか覚えはありますか？　どこかにぶつけたとか、強く引っぱられたとか」と聞いた。

強く、引っぱられた、とか……？

「あのう、わが家には大型犬がいるんですけど……」と私が言うと、医師の後ろに立っていた看護師さんが、「あぁ〜」と言った。医師は私の話をふんふんと聞き、「ワンちゃんですか〜。それは散歩のときに？　はぁ、なるほどねえ〜……四十五キロの黒ラブ……」とつぶやきながら、カルテに書き込んでいた。

正直なところ、ハリーに強く引っぱられるのはよくあることで、あのときだ！　とか、あの日のあの場所だ！　というのは、まったく記憶にない。しかし、覚えがあるかと問われれば、正直、ハリーの馬鹿力しか思い浮かばないのだ。

医師は、「とりあえず今日はお薬を出します。痛みが続くようなら、ＭＲＩを撮りましょう。お大事にしてくださいね」と言い、カルテになにやら書き込んで、にっこり笑った。理由が大型犬かもしれないと知った瞬間から、医師はなんだか楽しそうだった。もしかして彼も大型犬を飼っているのだろうか。看護師さんも、ハリーが四十五キロと伝えると、マスクの下でかなり笑っていた。私も、まあいいかと思いはじめていた。ハリーだったら仕方がないじゃん、もういいじゃんと思いつつ家に戻り、静かに留守番していたハリーにクッキーを与え、シップを貼って、「断裂していませんように」と心のなかで祈った。

結局、肩の痛みは徐々によくなり、このままだったら日常生活に支障はないというところまで快復した。やはり、我慢はせずに病院は行っておくべきだと改めて思ったし、とりあえずハリーはかわいいから、肩が痛いぐらいどうでもいいやと思う私である。

でも、ＭＲＩは一応撮影しておくべきかな……。

㉒ ベッド戦争

琵琶湖周辺も、すっかり気温が下がってきた。山と湖にサンドイッチされたような地域に住んでいるが、この山が相当なくせ者で、この時期は、鉛色の分厚い雲を頂上のあたりに鎮座させつつ、強くて冷たい風を情け容赦なく吹きつけてくる。これに雨が混じると、真横から吹きつける雪となる。そろそろ頂上は真っ白になる時期だ。楽しみのような、そうでもないような。数年前にどかんと降り、そのときは玄関からポーチに停めてある自家用車に辿りつくまで四十分も雪かきをするハメになった。あのときは大変だった。大雪にハリーは喜ぶだろうけれど、私としてはなるべく避けたい事態である。でも、ハリーが喜ぶのだったら……いやいや、やっぱり大雪は困る。コロナ禍での大雪なんて本当に目も当てられない。

季節がすっかり冬に変わり、そしてわが家ではちょっとした事件が発生した。ハリーではない。義父である。突然デイサービスで倒れ、そこから一週間程度入院することになってしまった。おかげさまで無事退院し、家に戻り、元気に暮らしている。しかし、彼が入院中に同じく後期高齢者の義母を一人で実家に住まわせることができず、わが家に滞在してもらうことになったのだ。いろいろと大変なことは起きたが、最も悩ましかったのが、スペースの確保だった。

わが家は大きな男子が三名に、大型犬が一匹、そして私という家族構成だ。家は広くない。各自が部屋を確保しているため、余分な部屋は一部屋としてない。ハリーは遊牧民のように部屋から部屋を渡り歩き、家族全員に愛情を振りまくという犬界の皇太子のような生活を送っているが、一応彼なりのこだわりがあって、リビングに設置してあるソファベッドを自分の居場所と認識して譲らない。これが多少、厄介なこととなった。

わが家に滞在中、義母にはリビングで寝起きしてもらっていた。テレビもあるし、(ハリー愛用だけど)ソファベッドもあるし、キッチン、バス・トイレが近いからだ。そして、暖房が効きやすいので暖かく、わが家では最も環境が良いスペースだ。しかしそこは、ハリーが一番気に入っている場所でもある。自分のソファベッドに、あまり見たことがない人間が寝ていることを認識したハリーは、少なからず腹を立てたようだった。じわじわと義母にプレッシャーをかけはじめたのである。

ハリーは、義母がソファベッドに腰をかけると、必ず自分も座り込んで義母に全体重をかけた。当然、ハリーは義母よりも体重が重い。義母が、「ハリーちゃん、かわいいねえ」と声をかけつつ、頭を撫でると、ぷいっと顔を背ける。そして、これみよがしに、「ハァ〜」とため息をつくのだった。義母がベッドから離れると、今度は脚を思い切り伸ばして、体全体を可能な限り縦方向に長くして、ベッドを占領する。そして、絶対に動かない。義母が畳んでソファの隅に置いていた洗濯ものを、前脚の先でじわじわと押して、床に落とす。それも、ちらっちらっと義母を見ながらやるのだ。そのうえで、大きないびきをかいて寝る。私がどれだけ体を揺らしても、絶対に起きない。上から見るとオットセイのようだ。

義母には申し訳ないが、めちゃくちゃ面白かった。ハリーは本当に愉快な犬で、感情表現が豊かだ。義母にソファベッドを明け渡すのは嫌だけれど、決して吠えたり、前脚で押したりはしないところがいい。しかし、その目線がすべてを物語っている。黒くまん丸の目が、「早くどけよ……」と言っている。その太くて長い前脚が、「ここは俺の場所なんだよ……」と主張している。どれだけ体を揺すっても、びくともしない態度は、「なにを言われても起きねえよ……」と示しているのである。正直、ハリーがここまで面白い犬だとは思っていなかった。

自分で義母をどかすくせにハリーは、義母が部屋のなかで移動すると、一応、いつも私にするようにあとをついて回っては、行き先でなにをするかを確認し、自分の寝床に戻るという警備はしていた。つまり、仕事は一応やる犬なのだ。義母がソファベッドで横になると、大きなため息をつきながら無理やり自分も横に寝る。あまりに大きなため息なので、義母が気にして、「ハリーくんに申し訳ない」と言いだしソファベッドを譲ろうとするので、いやいやそれはしないで下さいと慌てた私は、自分のベッドをハリーに譲り渡し、自分は床に布団を敷いて寝ることにした。意味がわからない。でも、ハリーは私のベッドを常に狙っているので、私が寝ないとわかるやいなや、ウッキウキで占領しはじめた。私は大人しく床に寝た。

夜中になって寒くて目が覚めると、ハリーが私の羽毛布団を引っ剝《ぱ》がしていた。寝床作りを丹念にやったようで、羽毛布団を丁寧に丸めて、その上ですやすや寝ていた。ものす

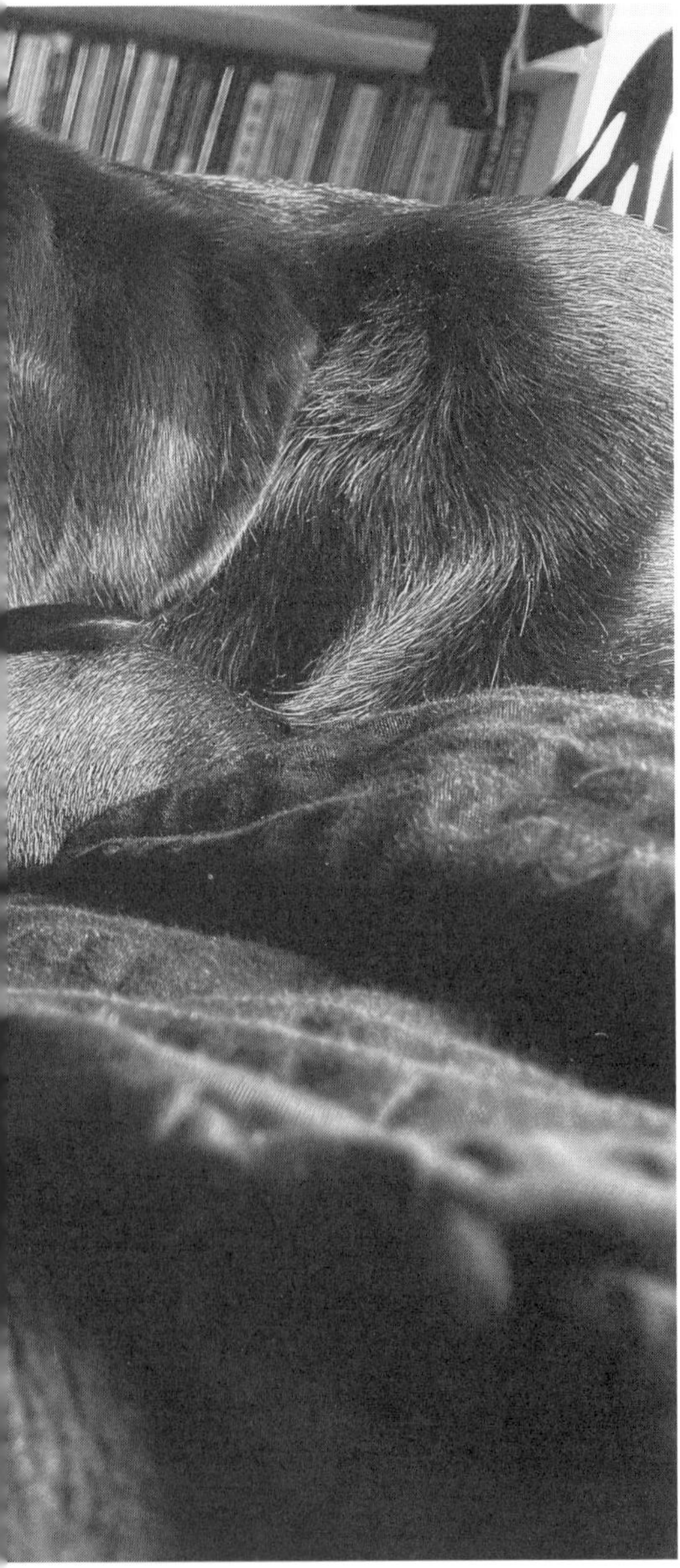

ごく大きな爪でバリバリやられたはずの布団カバーは破れていた。どこまで丹念な作業だったのだ。腹が立つ。なんのこだわりなのか。なんで私が床なのだ。本当に腹が立つが、羽毛布団自体は無事だったので、すべて許すことにした。

㉓ ハリーくんのバースデープレゼント

二〇二〇年十二月十七日、ハリーは四歳の誕生日を迎えた。体重は誕生日当日の計量で四十七キロだった。スーパーヘビー級と言ってもいいだろう。「言ってもいいだろう」とか、堂々としている場合でないことはわかっている。繰り返すようだが、それはわかっているのだ。なぜなら、少し前に四キロもダイエットしたはずのハリーは、見事にリバウンドしてしまっているからで、飼い主としては力不足を感じざるを得ない。

しかし、ハリーが運動不足かというと、そうではない。ハリーは琵琶湖ライフを満喫している犬だ。とにかく、走る、泳ぐ。それはもう、めちゃくちゃに。むしろ、運動しすぎではと心配するほど、ハリーの運動量は多い。しかし当然のことながら、運動のあとは、とてもよく食べる。見ていて気持ちがいいほど、食べる。重要なことなので書くが、ここで食べ過ぎたらダメなのは、飼い主として重々理解しているのだ。ただ、あまりのハリーの食欲とその要求（の激しさ）に、負けることが多いというのが現状だ。

そこで、責任ある飼い主としては、走る恵方巻きと呼ばれ世界中から愛されているハリーの贅沢ボディーを、そろそろかっぱ巻きに近づけたいと考えている。つまり、本気のダイエットだ（これを書くのは、何度目だろう）。茹で野菜、ローカロリーフード、その他もろもろ、やることはやったと思う。しかし、どれだけ飼い主が苦労を重ねても、ハリーはビニールのカサカサという音に、冷凍庫から息子たちがアイスクリームを出す音に、いつ何時でも反応し、そして一心不乱に吠え立てる。

よこせ！　食わせろ!!　俺にも!!

その声の大きさたるや、雷鳴のようだ。四十七キロの黒いドラム缶から発せられる太くて低いうなり声は、「え？　和太鼓？」と驚いてしまうほどだ。家族全員が両手で耳を塞いで、「やめてくれ〜」とハリーに懇願するほどだ。かわいい顔をして、ハリーの脅しは本格派なのである。

その大きな吠え声に疲れ切り、ハリーに静かにして欲しいがためにおやつを与えてしまうダメな飼い主の私は、いろいろと考えて、ハリーの誕生日に間に合うように、とある機械を購入した。自動給餌器つきのペット監視カメラである。スマホで遠隔操作も可能で、出先から留守番している犬の姿を確認できる優れものだ。そしてもちろん、外出先からおやつを与えることもできるし、犬が喜んでおやつを食べる姿をライブで見ることもできる（写真に撮影することもできるし、動画で残すこともできる）。

スマホでアプリを開いて、おやつボタンを押せば、機械のなかからおやつがスパーン！と飛び出してくる。おやつが飛び出すと同時に、どんな犬でもハイになる魔法の効果音である「キュー！」という音が出る（たぶん、小動物の鳴き声のイメージだろう）。もちろんハリーは、このキュー！という音が大好きだ。この給餌器を使って遊び、大騒ぎして疲れさせ、運動させつつ、ゲーム感覚でおやつを与えれば満足するのでは⁉と、思ったのだ！ いや、与えるのか？ ダイエットだったのでは？ そんな疑問を抱きつつも、年末が近づき、購買欲が最高潮になっている私は、迷わず購入したのだ。普段から、仕事でストレスが溜まると一気にネットショッピングで憂さを晴らすようになって数年、買うために仕事をするのか、仕事をするために買うのか、もうよくわからない状態だ。でも今回は特別だ。だってプレゼントだもの。四歳だもの。スマホでらくらく操作なんて最高だ。

私にぴったりの給餌器ではないか。食べるのはハリーだけど。

自動給餌器が到着した瞬間からハリーのテンションはあり得ないほど上がっていた。なにか面白そうなものが来たぞ！　たぶん俺のだぞ！　という表情をしていた。箱から出した給餌器に鼻をべったりくっつけるハリーを押しのけながら、設定を済ませ、スマホにアプリをインストールして、おやつをセットし、私は別室に身を隠した。スマホの画面で給餌器のカメラが捉えるハリーの姿を確認すると、リビングでじっと座っている（私が座っていろと言ったからだ）。

ひひひ、面白いことになるぞ！　そう思って、早速、スマホ画面のおやつボタンを押した。「キュー！」という音とともに、機械から勢いよくおやつが飛び出した様子が見えた！　ハリーは、「え？」という顔をして、おっかなびっくり、飛び出したおやつの場所まで歩いて行くと、疑い深い目でそれを見つめ、そしてゆっくりと食べた。

あれ？　予想とちょっと違うけど……。二回目もやってみた。「キュー！」という音とともに、おやつが飛び出した。スマホの画面越しに見るハリーは、こちらをじっと見つめている。そしてツカツカと給餌器に近づいてきた。ハリーのどアップの顔が映し出される。

三回、四回と繰り返すたびにハリーは給餌器の動きに慣れていき、次のキュー！　という音まで給餌器の前から動かず、挙げ句の果てには給餌器にお手をするようになった。最終的には、給餌器の前で寝るようになった。いつおやつが飛び出してもいいように、準備しているのだろう。ねえ、運動は？　ねえ、なんで動かないの？

給餌器からおやつが飛び出すたびに、ハリーは走り回り、喜びまくる予定だった。しかし、成犬になったハリーは、多少冷静になったようだ。目論見は外れたが、それでも、外出時にハリーの様子を確認できるのは素晴らしい。おやつボタンを押すと、一応はカメラの前にやって来てくれる。今までハリーを留守番させることが可哀想で心配だったが、自動給餌器のおかげで安心して用事を済ませることができる。しかし、おやつボタンを押さなければ、ハリーの姿をリビングに確認することはできない。

なぜかというと、私が戻ってくるまで、彼は玄関ドアの前で、じっと私を待っているからだ。なんという名犬、なんというイケワン。

次は玄関に給餌器を設置してみようと思う。たぶん、でっかいハリーがグーグー寝ているだけという、最高に面白い映像を見ることができるだろう。

そして実際に玄関に給餌器を設置してみた。ハリーは私が家から出て行くと、玄関横の階段に座り、窓から外を見ていることが多いのだが、この日のハリーも、階段に座って、じっと窓から外を眺めているだけで、給餌器がキュー！　と鳴ってもあまり反応しなかった。しばらくすると外を見るのも飽きたようで、大きな体を精一杯小さくするようにしながら、階段の上に寝転がり、やがて、寝てしまった。結局私が戻るまで、階段から動くことなく、ずっと待っていてくれたのだ。

肩肉どっしりみ

㉔ ヘルパーのハリーさん

夫の両親の家に行くには、わが家から車で三十分ほどかかる。ここ一年ほど、私が夫の実家に顔を出す機会が増えたのは、気づけば二人が後期高齢者となり、様々な人の手を借りて暮らす必要が出てきたからだ。私以外にも、数名のヘルパーさんのお世話になっているし、週に数回、デイサービスにも通っている。

平日は、私を含め誰かが必ず家を訪問し、二人の様子を確認するようにケアマネさんが上手にスケジュールを組んでくれた。とてもありがたいことだ。実に丁寧に、そして気さくに両親に接してくれるので助かっている。こんなにしてくれているのだから、私なんて行かなくていいんじゃない？　と思いがちなのだが、実際はそうもいかないのがツライところ。掃除から調理、そして買い物まで請け負ってくれるとても優秀なヘルパーさんたちだけれど、二人にとっては頼みにくいこともあるらしい。だからときどきわが家に電話がかかってきては、「悪いのだけれど……」と、用事を頼まれる。私はそのたびに、「うぃっす」と短く答えて、さっと車に乗り込み、夫の実家に向かうのだ……ハリーを道連れにして。

私は、どうやって老人に接していいのかわからない。中学生のころ、老人ホームにボランティアに行くカリキュラムがあり、私も張り切って参加したのだが、老人ホームでの私の全力投球の姿勢を目撃したクラスメイトが、大声で笑い転げて、「いつもと全然違うじゃん!!」と言ったのだ。そしてそれから一週間ほどからかわれ続けた。めちゃくちゃに恥ずかしかった。もしや偽善者と呼ばれているのではと、妄想だけは得意だった私は考えに考えて、それ以降、老人ホームでのボランティア活動に参加することはきっぱり止めた。

そして立派な中年になった今も、どうやって年上の人に接していいのかわからない。義親の介護に参加しなければならないという現在に至っても、日々、どうしようと考えている。優しくしたらいいのか、それともビジネスライクに接したらいいのか、さっぱりわからない。二人に優しくする瞬間、心のなかで「これは偽善では?」と思う自分も相当嫌だし、病院などで「娘です」と口から出るたびに、「いや、厳密には娘っていうかなんというか……」と、いちいち否定したくなる自分も嫌だ。

ということで、私よりもずっと老人フレンドリーなハリーを動員している。ハリーは犬だが、介護という仕事を任せたら、私よりもずいぶん役に立つ。今までは、家にやって来る人に隙あらば飛びかかろうとするハリーを見て、これは老人と会わせたら危険だと思っていたのだが、ハリーが加減を知っている犬だとわかったのが、ここ半年ほどのことだ。

庭先で出会う（たまたま出会ってしまった）お年寄りに、ハリーは両耳を下げ、決して近づこうとはしない。尻尾をぶんぶん振るだけで、脚を大地に踏ん張るようにして立ち、おいでと声をかけられても、てこでも動かない。私に叱られると思っているようだ。視線も合わすことなく、下を向き耳まで下げているハリーを目撃して、私は確信したのだ。ハリーは、自分がお年寄りに近づいたら危険だということを、すべてわかっている。

今となっては、車にハリーを乗せて実家に向かうと、ハリーは途中からヒンヒン鼻を鳴らして、なにやらわけのわからないモードに入る。私は必ず、「ヘルパーのハリーさん、よろしくね！」と声をかける。ハリーは私を見て、ヨシ！　といった表情をする（ように見える）。駐車場に車を停め、ドアを開けてやると、一心不乱に玄関に突進し、鼻先で勢いよく引き戸を押し開け、家のなかに入って行く。そして老人二人を見ると、ハリーはおもむろに床に倒れ込み、ものすごく大きい体をねじり、お腹を出して、さあ触ってくれ、思う存分触ってもいいんだぞと甘えて見せるのだ。時折ヘルパーさんと鉢合わせして、きゃあああ！　と叫ばれているが、ヘルパーさんもすっかり慣れたもので、ドタリと寝転がるハリーを適当にあしらいつつ、作業を続けてくれる。

義母も義父も、明るいハリーが大好きだ。ハリーはわが家でするようないたずらは、実家では一切せず、ただただ、二人の足元に座り、尻尾を振っている。庭に出て、野生動物の歩いた痕跡を追うなんて犬らしいこともしている。家の後ろにある小さな森のなかに入り込み、何やら掘り返していることもある。気づくと、家のなかを勝手に探索しているが、楽しそうにしているので、好きにさせている。

両親は、こんなに大きい動物と暮らすなんて楽しいだろうねと言う。うーんそうですね、確かに楽しいですねえ～と私はあっさり答えているけれど、端的に言って、最高だ。ハリーは最高なのだ。

25 幸福という仕事

私とハリーが住んでいる琵琶湖の北部地域は、積雪量も多く、冬がとても長い。京都で桜が咲いていても、わが家の近所の桜並木は灰色のどんよりとした空の下で、寒そうに枝を伸ばしているだけという場合が多い。毎年、四月の下旬までストーブの燃料は欠かせないし、街が春を迎え、パステルカラーで溢れるようになっても、この田舎では朝晩の冷え込みが強く、冬用のコートをしまうことさえできない。

冬が長いと面倒なことが多いけれど（雪かきはとても辛いし、車に積もった雪を払うのはいつも私）、家の中で過ごす時間を充実させることができれば、楽しい季節だとも言える。なにせ大手を振って、朝から晩までなにもせず部屋で過ごしたっていいのだ。だって外は雪だもの。パジャマの上にカーデガンを羽織り、ふわふわのスリッパを履いてマグカップ片手に映画を観てなにが悪いというのか。特に去年から今年にかけてはコロナ禍という事情もあって、家に籠もることに対して罪悪感を抱く必要さえない。最近ではさすがに籠もることにも飽きてきたが、寒い時期には暖かい部屋でゴロゴロしているのが健康にはいいような気もしてきた。なんでもかんでも、自分にいいように考えてもいいじゃないか。そもそもいい加減な性格だし、今は生きてるだけで合格だ。

そんな私の相棒ハリーはご存じの通り、凍り付く湖でも平気で泳ぐような犬だが、実は暖かい場所も大好きだ。今年は長い冬を予想して新しいストーブを購入したが、到着した巨大ストーブを見たハリーは、興味津々で尻尾を振っていた。天板が熱を持たないタイプの業務用ストーブで、ハリーにとっても子どもたちにとっても安全設計だ。ハリーや息子たちが激突しようとも、壊れる気配がない。大変パワーのあるストーブのため、子ども部屋のある一階全体を一台でカバーできる。ハリーが普段寝ている二階の部屋には、天板が熱くなる(つまり料理ができるタイプで朝からおでんを煮込むのに最適な)、長年愛用の石油ストーブを設置した。ハリーはこの石油ストーブも大好きで、寒い日はそこから離れようとしない。もしかしたらおでんを狙っているのかもしれない。

お気に入りのストーブの前で寝転んでは、手脚を伸ばしたり、あくびをしたり、ゆらゆらと揺れる炎を見つめたり、おもちゃを破壊したりして過ごしているハリーは、なんだかとても幸せそうだ。朝からストーブの前に陣取り、昼になると庭で三分ほど遊び、そして再びストーブの前に戻る。しっかり温められたハリーの体からは、えもいわれぬにおいが漂いはじめる。正直、犬が苦手な人からしたら、辛いにおいだと思うのだが、ハリーを溺愛してしまっている私は、ハリーをストーブから引き離すことが残酷なように思え、好きなようにさせている。二時間に一回は部屋の空気を入れ換え、自分の服もなんとなくにおいを嗅いで確かめ、「ま、いっか」などと言って、ハリーの頭を撫でている。いろいろとエスカレートしてきている自分に気づいているが、気づかないふりをしている。愛犬家とはこういう生きものなのかもしれない。

ハリーがあまりにも欲望のままに過ごしているため、自分も仕事をするのが馬鹿らしくなってくるときもある。朝から晩まで、うとうと、あるいはガサゴソ、やりたい放題だ。去年購入したばかりの私の毛布は、もうすでにビリビリに破られている。破っただけならまだしも、丁寧に、長時間かけてしっかりと奥歯で噛まれ、もうなんだかわからない布の塊になっている。それでも私はハリーを叱ることができなくて、結局一冬、その汚いボー

ルみたいな塊になった毛布を使って過ごした。

最近は午後になると暖かく、私がベッドの横の窓を開けて、春の風を部屋に入れてくつろいでいると、ハリーは待ってましたとばかりにお気に入りの「ピチピチまぐろ」という動くおもちゃを持ってやって来る。ベッドに飛び乗り、私の足の上にどかっと座って、上機嫌で、ピチピチまぐろを振り回す。私が見ていないと腹が立つようで、鉄球のように黒くて重い前脚でドガッと私を押してくる。仕方ないなあと見てやると、満足そうに表情を和らげ、そしてやがてガーガーと昼寝をしてしまう。すごく重い。

冬でも春でも、どんな季節でもハリーはマイペースで生きている。かわいい存在として元気で暮らすことが彼の仕事だ。うらやましいことこのうえないけれど、ハリーが話すことができたらきっと「あんたのお世話も大変だよ」と言うのではないだろうか。そんな顔をしているときがある。

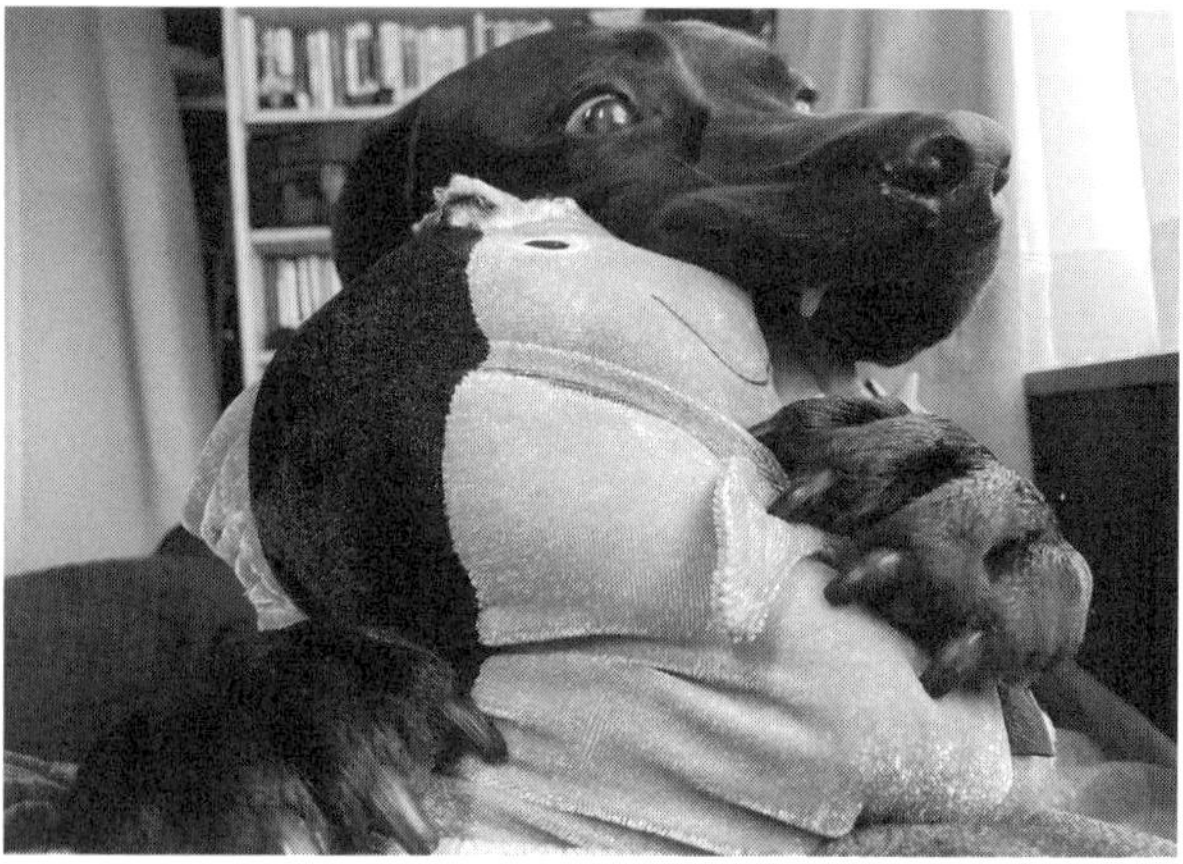

㉖ 毛が辛い

すっかり春となり、ハリーの抜け毛がひどい。ラブラドール・レトリバーの被毛はそう長くはないが、一本一本がしっかりと固くて、存在感がある。特に、ハリーは黒ラブなので、抜けた毛が床に落ちると、とても目立つ。毎日、朝と晩、念入りに掃除機をかけてきれいにしないと、あれ？　ここは床屋さんかな？　ってぐらい、床に黒い毛が落ちていることになる。飼い主が戦わなければいけないのは、その旺盛な食欲だけではない。レトリバーの場合、被毛も手強い相手なのだ。

自慢ではないが（いや自慢だが）、わが家のハリーの毛は艶があって美しい。よく、「シャンプーはどんなものを使っていますか？」と聞かれるのだが、シャンプーは薬用シャンプーであまり高くないものだし、ハリーは水が大嫌いなので、滅多にシャンプーさせてくれない。湖は好きだが水は嫌いという不思議な犬で、風呂場に連れて行くまでに家が壊れそうに暴れまくる。だから、毎日琵琶湖で泳ぐことで、一応ヨシとしているのだ。あの艶は、生まれもってのものだろう。

毎日湖で泳いで、体をブルブル震わせて水を切るハリーは、普通のラブラドールよりも、室内に落とす毛は少ないほうだと思う。湖からわが家に戻る道中で、風に吹かれて体は乾くから、抜け毛もその辺に落としているはずだ。それでもこの時期になると、もう大変である。床や階段に落ちるものは掃除機で片付ければいいのだが、大変なのは、布につく毛だ。ラグに落ちたハリーの毛は、どれだけ掃除機で吸ってもびくともしない。だから、様々な道具を駆使して、ハリーの毛と格闘することになる。どれだけ気をつけていても、洗濯ものにハリーの毛がくっついてしまう。洗う前の衣服をベランダでパタパタやって、ネットに入れて洗濯をしても、どうしたってくっつく。ただでさえ面倒な家事が、余計に面倒だ。息子たちはマスクにも毛がついている！　と毎朝怒っている。

しかし、ハリーの毛が最も多く落ちたりくっついたりしているのは、最悪なことに私のベッドだ。ハリーは常に私の後ろにひっつくようにして家のなかを移動している最高の愛犬だが、それはもちろん寝るときもそうで、どれだけやめてくれと頼んでも、毎晩私の横に寝ようとする。ハリー用にはちゃんとマットレスを用意しているのだが（それも人間用のマットレスだ！）、ハリーはそこに素直に寝ようとはしない。まずは必ず私のベッドに寝る。なにがなんでも寝る。その理由は、私のことが好きだというのも正解だけど、私の羽毛布団が大好きだから。三年前まで使っていた羽毛布団は、羽毛のにおいに大興奮したハリーに食い破られてしまった。だから、買い直した。ちょっといいやつにした。だって、人生の半分は寝ているのだから。そのふわっふわの、ちょっといい感じの羽毛布団を、ハリーは大いに気に入っている。

太い前脚でガリガリやって、ドスッ、ドカッ、バタン！　と大きな音を出しながら、念入りに寝床作りをする。ふわふわして、楽しいのだと思う。ちょっと生きもののにおいがするし（羽毛だし）。さあ寝てやろうと念入りに整えるから、ちょっと疲れてくる。鋭い爪で羽毛布団を捉え、えいや！　えいや！　とコテンパンにやっつける。目まで大きく見開いている。柔道かな？　プロレスかな？　毎晩呆れてしまうけれど、本犬は楽しいのだろう。そうやって私の羽毛布団相手にひと暴れしたあとは、安心したようにぐっすり寝るのだ。かわいいね。でも、毛だらけだね。

毎晩、抜け毛にまみれた布団からなんとかして五十キロのハリーを引きずり下ろし、パンパンと布団を叩いて、毛を落とす。くしゃみが止まらない。顔にふわふわと着地するハリーの黒い毛。そのうち、口に入ってくる。目にも入る。鼻の穴にも当然入る。よくよく見ると、そこらじゅうにハリーの毛が舞っている。ああもう！　と怒りながら布団を振り回すと、遊んでもらえると勘違いしたハリーが飛びかかってくる。大きい体で突進してくる。もう何もかも滅茶苦茶なのだ。それでも、一刻も早く寝たい私は、ハリーの毛にまみれたベッドに仕方なく横になるのだが、うとうとした瞬間、ハリーの毛がおでこに一本ついているような気がして、モゾモゾして、いらっときて、「あああああ！」となる。いーっとなる。そのときハリーは、いびきをかいて、すでに自分のベッドで夢のなかである。

ハリーは愛情深く、かわいい犬だ。それは本当のことで、こんなに愛らしい存在はいないと思う。それは確かにそうなのだが、こんなにも毛が多い動物と一緒に暮らすのは、やっぱり大変だなあと思う。ハリーがわが家にやって来てから掃除機が壊れたのは、この毛が原因に違いない。洗濯機が壊れたのもそうかもしれないいな。

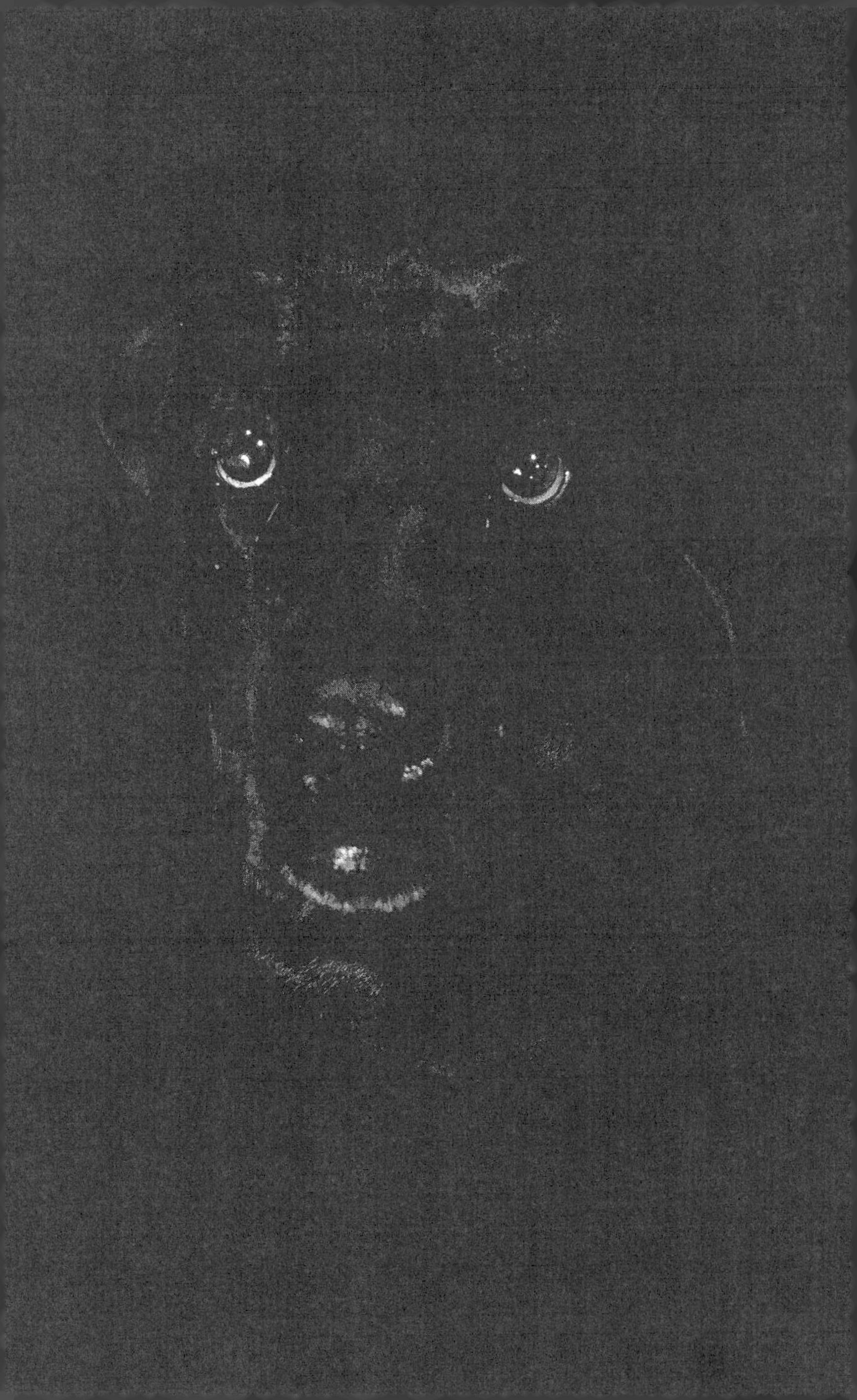

㉗ 愛犬と愛車と

琵琶湖畔は梅雨まっただ中。雨が多いため湖面の水位も高く、また、激しい雨の翌日は対岸から流れ着く木片やプラスチックごみが多い。なかには、釘が露出したような木片もある。尖ったものも多い。そういう日には、ハリーを泳がせたくないという気持ちなのだけれど、なにせハリーにとって泳ぐことはなによりの楽しみなので、私の気持ちなどお構いなしにハリーはざぶんざぶんと泳いでしまう。朝泳ぎ、夜泳ぎ、泳ぎまくって汚れまくって、あたり構わず水を飛ばして、ドタリと寝てしまう。うらやましい。しかし、清潔好き（それもかなり好き）な人に、こういう犬はちょっと大変だろうなと思う。いや、ラブラドールが大変というよりは、規格外に体が大きく、泳ぎまくるハリーみたいな犬、という意味だ。ちなみにハリーはシャワーが大嫌いな犬でもある。

わが家はあくまでも緩い基準でものごとを考えるので、ハリーが湖の水で家のなかを汚したとしても、あまり気にしないし、見ないふりでそのままにしている。乾けばＯＫというスタンスだ。翌日にささっと砂を集めたらそれで終了。そもそも、わが家は一階の床をコンクリートのままにしている。犬を飼うという前提で建てた家だからだ。それに、ハリーの行くところはすべて、厳重に対策を施してある。ベッドのマットレスには防水シーツを二重に（！）敷いている。ベッドカバーなどはさっと取り替えられるように、山ほど買ってある。ハンディー掃除機を何台か置いて、ハリーが運んでくる砂を常に片付けられるようにもなっている。万全なのだ。とにかく、ハリーは王子さまのように扱われているのだ。

でも、ひとつだけ対策を取れないものがあった。車だ。わが家のおんぼろ車は二十五年モノ。歴代三匹の犬を乗せて移動してきた。中型犬だった歴代犬たちは、必ず後部のラゲッジに大人しく乗ってくれていた。四匹目のハリーはなぜか助手席に固執する犬で、頑としてその席を譲らない。譲らないし、琵琶湖の水に濡れたまま、遠慮なしに飛び乗って来る。ハリーがわが家に来て四年、めちゃくちゃに乱暴な乗り方をするハリーのおかげで、助手席の周辺が見るも無惨に、ボロボロになってしまった。シートはハリーの両脚の重さで穴が開き、窓ガラスはハリーの鼻水で常に曇っている。シートにはハリーの剛毛がびっしりへばりついている。なにより酷《ひど》いのはにおいだ。

以前も書いたがもう、家族以外、誰も乗せられない。ときどき、息子たちの友達を乗せるが、彼らは慣れっこなので平気だ。「だいじょうぶっす、慣れてるっす」と言いつつ、静かにパワーウィンドウを下げる彼らには感謝しかないが、しかし、このままこのハリーによってベトベト、ボロボロにされた車で、いつまで移動できるのか。友人だって遊びに来るし、時には仕事仲間だって遊びに来るし、そのときこんなにくさい車に乗せることなんてできない……最近、ちょっと悩んでいる。

ラゲッジ部に無理に乗せると、車がスタートした瞬間に、ロケットのように飛び出して来るハリーだが、なんとかこの癖を止めさせて、車の後部に落ちついて座ることができるようにしなければならない。でも、息子たちで後部座席はすでに一杯だ。そこにハリーが入る？　無理、無理！　どうしたらいいだろう。後部にもっとスペースがあれば、ハリーはきっとそこで寝ると思うのだけれど。

車、そろそろ乗り換えたほうがいいのかなと連日考えている。二十五年も乗って、今の車には愛着もあるし、どこも壊れていない。今まで一緒に暮らした犬たちの思い出が詰まっている。ハリーだってお気に入りの車だ。ただ、犬くさいだけ。だから、この一台はなにかのときのためにキープしておいて、少し大きめの車を中古で買おうかなと考えはじめた。ハリーの乱暴な乗り降りを見れば見るほど、新車で買う勇気はない。

最近は夫の両親を乗せることも増えたが、塗装は全体的に剝げているし、座席は破れてるし、においがしている車に乗せるたびに、心が削られる。やっぱり、家族全員＋一匹が乗ることができる少し大きめの車だな！　と夢見ている。それに、塗装が剝げている車に乗っている人って、昨今ほとんど見かけない。珍しいと思う。軽トラのおじいちゃんは別ですけれど。

今さら、大きめの車を運転できるだろうかと自信はないが、これまでも、必要に迫られては、小さな挑戦を繰り返し、結局ほとんどのことを乗り越えて生きてきたんだから、まあ、あまり心配することもないだろう。それよりも、大きな車を運転して移動しまくる自分を想像すると、ちょっとわくわくしてきているぞ！

大きくて快適な車を買ったら、ハリーを連れて遠くへ行くことができるようになるので

はないか。憧れの北海道とか!?　私とハリー、一人と一匹で、延々と走り、辿りついた場所で一緒にお弁当を食べて、少し歩いて、ゆっくり家に戻ってくるだけでもいい。人生の楽しみってそういうことじゃないのかな。

おわりに

わが家の愛犬ハリーは、私たち家族にとってこの上なく大切な存在だけど、決して飼いやすいタイプのペットだとは言えない。本書でもたびたび触れてきたが、なにせ体が大きく、大変よく食べる。運動も相当量必要だ。毎日少なくとも一時間程度は運動させないと、太りやすい犬種ということもあって、あっという間に体が大きくなる。犬には盆も正月もないから、一年三百六十五日、散歩は必要だ。飼い主だって、雨の日も風の日も、毎日歩かなければならない。それはなかなかどうして簡単なことではない（私はサボりがちだ。夫と息子たち、ありがとう）。

体重が四十キロを超えると、人間一人では到底手に負えない存在になる。特に、緊急事態が起きたときに抱き上げて移動できない大型犬は、常にそういったリスクを考えて外出

せねばならない。わが家のハリーの場合、抱きかかえるより背中に乗せてもらったほうが話は早いような気がする。一度、車を運転中にボンネットから煙が出て、レッカーサービスのお世話になったことがある。季節は冬でハリーは同乗していなかったからよかったものの、これが真夏だったらと考えてぞっとした。うちの犬を乗せてなくてよかった、なにせでっかい犬なのでと言う私に、レッカーサービスの男性は「レッカー車に乗せられないほど大きい犬の場合は大変ですよ……」と、ぽつりと言っていた。なにがそんなに大変だったのか詳しく語らない彼だったが、その横顔から非常に大変なことがあったと推測でき、余計にぞっとした。重いだけではなく、とにかくでかい。でかいことはいいことだが、緊急時には命取りだ。

そして大型犬はやたらと強い。ハリーも怪力の持ち主で、プロレスラーなみに強い。私が渾身《こんしん》の力でリードを引いても、びくともしない。だから、ハリーが動こうと思わなければ、どれだけ必死に引っ張っても岩のごとく動かない。無表情で冷めた目をしたハリーが、道路の真ん中で微動だにしないことなんて、しょっちゅうある。湖では、有り余るパワーで太い木の枝を平気な顔をして振り回している。振り回した木の枝が私の脛《すね》に当たって内出血なんてことも一度や二度ではない。家具なんてあっという間に壊すし、体当たりすればわが家のドアはひとたまりもない。到底太刀打ちできない。そんな怪力のハリーが私の言うことを聞くことがあるのは、ただ単に賢いハリーがヨレヨレの私に配慮しているということで、私が優秀な飼い主だということではない。ハリーが本気を出したら、私なんて軽く吹っ飛ばされる。実際に何度も吹っ飛ばされているし、夫は一度スケボーに乗ったまま吹っ飛ばされて骨折している。

大型犬を飼うということは、ペットというよりは「動物園にいてもおかしくない大きさの生き物を飼っている」と思ったほうがいい。そう考えると、何かと想像しやすい。例えば災害時に避難所に黒くていかつい顔の大型犬を連れて行けるだろうか。考えただけで胃が痛い。無理ではないかと思わずにはいられない。誰もが犬好きとは言えないし、そのうえ、ハリーは顔が怖い。特に夜には遭遇したくない顔をしている。真っ黒でふてぶてしい表情だ。そのでっかい口で吠えられると鼓膜に響いてたまらない。以前、百五十メートル

に強面《こわもて》なのに
ほど離れた横断歩道でハリーの声が聞こえたと息子が驚いていたことがある。暑さには極端に弱いから、常に大量の飲み水が必要になる。水を飲んだらあたり一面に飛び散る構造の口をしている。暑いとハアハアうるさい。ちょっと物音がしただけで番犬スイッチが入り、猛ダッシュする。だから、大勢の人がいるところで大人しくできるようなしつけだって必要になってくる。人の多い場所で静かにさせるなんて、自分の子どもでも無理だったというのに、ハリーが言うことを聞くだろうか。無理過ぎて遠い目になる。

家族旅行に大型犬を連れて行くなんてことになったら、大変なことだろう。大きな車と家族の努力と、なにより、大型犬を快く受け入れてくれる宿泊先の確保が必要だ。家族が旅行に行くのか、それとも犬が旅行に行くために人間が付き添うのかわからなくなってくる。ということで、わが家は家族旅行を諦めている。夏休みはひたすら琵琶湖で泳ぐだけ。ハリーも子どもたちにつきあって、何時間でも泳いでいるから楽しそうではあるけれど、親としては、「こんな夏でいいのだろうか」と思わないでもない。

それから、大型犬は動物病院へ行くのもひと苦労だ。どこでケンカをはじめるかわかったものではないし、診察台に乗せるのだって数人がかり。獣医さんは、「重ッ！」「デカッ！」ばかり言う。薬は体重によって値段が変わり、当然わが家のハリーはスーパーヘビー級なので、フィラリア予防薬やノミ・マダニ駆除薬も目が飛び出るほど高い。こういった最低限与えなければならない薬に加えて、なにか病気をしたときも大型犬の場合は治療費がかさむ。もちろんわが家は○歳のときからペット保険に加入しているが、保険では到底カバーしきれない程度の金額がかかることも、この先、何度かあると思う。

そしてドッグフード代もすごい。なにせ、最低でもひと月十キロは食べる。フード以外も、モリモリ食べる。モリモリ食べるということは……想像して欲しい。

どう考えても大型犬を飼うのは大変で、飼い主の払う犠牲は大きく、長い期間、彼らと寝食をともにし、必要なケアをすべて与える覚悟がないと難しいということだ。そんなことを日々強く感じているため、こんなにしつこく、いかに大変かを書いてしまった。まずは大変なことを先に書いた。なぜかというと、ここから褒めちぎるからだ。

大型犬を飼うための覚悟が私にあったかというと、なかったと思う。あったわけがない。あったら諦めていただろう。こんなに大変なことになるとは、夢にも思っていなかった。でも同時に、こんなに素晴らしい存在がこの世界にいるとは、私たちと暮らしているとは、夢を超えて奇跡だとも思う。こんなに美しくて、穏やかで、優しい犬はめったにいない。いや、世界中でもハリーしかいない。こんなに賢くて、明るくて、誰にでも愛される犬はめったにいない。ハリーだけだ。そのうえ、でっかい。犬と呼ぶには、あまりにも大きい。もうほとんど熊だ。穏やかな熊であり、巨大なテディベアだ。なにせ、私にとっては、とんでもなくかわいい顔をしている。びっくりするほどぴかぴかに光る、美しい毛並みを持っている。話しかけるとちゃんと反応する。おいでと言うと、耳を垂らしてゆっくり近づいて来る。ゴロンして！　と言うと、ものすごくスローな動作で、どさっと寝転び、ゴローンと転がってお腹を見せてくれる。ああ、反応してくれているんだと感動する。座っていると寄りかかってくる。寝ていると、いつの間にか横に来ている。手（脚？）が大きい。ふわふわしている。それから病的な食いしん坊だ。好物はバニラアイスクリームで、冷凍庫が開く音は絶対に聞き逃さない。こんな楽しい存在だから、大変な毎日もまったく苦にならない。心から、ハリーがわが家に来てくれてよかったと思っている。なにせ、いつ見ても素晴らしい。いつ見てもイケワン。さすが琵琶湖の至宝、近江の黒豹、走る恵方巻きだ。かわいい上に縁起もいい。もうこれ以上褒めちぎることが出来ない。

ハリーを飼ったことは私たち家族がいままで決めた様々なものごとのなかで、最も素晴らしいことだったのではないかと思う。子犬の時代はあまりにもやんちゃだったので、それなりに苦労して、悩んだこともあったけれど、その何十倍もの楽しい時間を私たちに与えてくれている。家はボロボロになり、家具もいくつか捨てることにはなったけれど、それが何だというのだろう。ハリーの存在に比べたら、家や家具など何の意味も持たない。ハリーの存在自体が、なによりわが家で輝いている。これほどまでに、大型犬とは人間の暮らしを、考えを、がらりと変えてしまう存在なのだ。

私にとってハリーが特別な存在なのには、理由がある。私が最も苦しいとき、辛いとき、いつも側にいてくれたのがハリーだからだ。ハリーは私がどこへ行くにも後ろをついてきて、私がなにをするのか、常に確認を怠らない。心のなかでは「なにか食べものを出してくるのではないか」と考えているに違いないが、それでも、私からしたら、ずっと側にいてくれる優しい存在がいることが、どれだけ助けになっているかわからない。私が仕事に集中しているときは少し遠くからじっと見守っていてくれる。騒がしい子どもたちの相手をし、一緒に育ってくれている。こんなに素敵な存在はあまりいないし、これからもハリー以外いないだろう。子どもたちがハリーとともに育つことが出来ることを、ハリーに感謝したいと思っている。

大型犬の時間の流れはとても速く、ときどき、ふと寂しくなることがある。真っ黒だったハリーの顔はもうすぐ五歳を迎える今になって、顎に白い毛が増えてきている。それを見るにつけ、どんどんハリーが遠ざかってしまうような、どんどん私の先を行ってしまうような気持ちになる。でも、よくよく考えてみると、それは犬だけに限らない。人間だって、いつ何時、会えなくなるかはわからない。いつ何時別れが来たとしても不思議ではない。だからこそ私は、ハリーが求めることを、子どもたちが求めることを、できる限り叶えてあげられるように、そのために働き、生きていると言っても過言ではない。時間の流れは違っても、一瞬の大切さは、犬も人間も同じことだと思うのだ。

ハリーはますます賢く、元気に暮らしていくだろう。私たち家族にとって、惜しみない愛を与える存在、それがハリーなのだ。ハリーにとっても、私たちが唯一無二の存在であることを祈りつつ、これからも一緒の時間を過ごせたらと思っている。

村井理子

村井理子

Riko Murai

翻訳家・エッセイスト。1970年静岡県生まれ。訳書に『ヘンテコピープルUSA――彼らが信じる奇妙な世界』（中央公論新社）、『ゼロからトースターを作ってみた結果』『人間をお休みしてヤギになってみた結果』（ともに新潮文庫）、『ダメ女たちの人生を変えた奇跡の料理教室』（きこ書房）、『黄金州の殺人鬼――凶悪犯を追いつめた執念の捜査録』（亜紀書房）、『エデュケーション――大学は私の人生を変えた』（早川書房）など。著書に『ブッシュ妄言録――ブッシュとおかしな仲間たち』（二見文庫）、『村井さんちのぎゅうぎゅう焼き――おいしい簡単オーブン料理』（KADOKAWA）、『犬《きみ》がいるから』『犬ニモマケズ』（ともに亜紀書房）、『兄の終い』『全員悪人』（ともにCCCメディアハウス）、『村井さんちの生活』（新潮社）。

Twitter　@Riko_Murai
ブログ　https://rikomurai.com/

村井ハリー

（本名：ネルソン・オブ・サウス・カントリー・スター）

2016年12月17日、宮崎県生まれ。4歳8ヶ月のラブラドール・レトリバー。体重50キロ。好物はブロッコリー、鶏肉、バニラアイス。趣味は水泳とフリスビー。

初出
亜紀書房ウェブマガジン「あき地」
「犬《きみ》がいるから Season3」
https://www.akishobo.com/akichi/murai
2019年9月19日～2021年7月8日
単行本化にあたり、加筆・修正を行いました。

ハリー、大《おお》きな幸《しあわ》せ

2021年9月5日　第1版第1刷発行

著者
村《むら》井《い》理《り》子《こ》

発行者
株式会社亜紀書房
〒101-0051
東京都千代田区神田神保町1-32
TEL 03-5280-0261
https://www.akishobo.com
振替 00100-9-144037

装丁
吉池康二（アトズ）

DTP・印刷・製本
株式会社トライ
https://www.try-sky.com

©Riko Murai, 2021 Printed in Japan
ISBN978-4-7505-1705-6 C0095
JASRAC 出 2106578-101

乱丁本・落丁本はお取り替えいたします。
本書を無断で複写・転載することは、著作権法上の例外を除き禁じられています。

〈好評既刊〉

『犬《きみ》がいるから』
『犬ニモマケズ』

村井理子著

湖のほとりの村井家に生後3ヶ月の黒ラブがやって来た！「イケワン」ハリーの成長記録。

『あんぱん ジャムパン クリームパン
女三人モヤモヤ日記』

青山ゆみこ、牟田都子、村井理子著

不安だらけだけど、おしゃべりしてひと息入れよ？　2020年、世界中を覆った疫病の影。平凡だけど平和な生活は一変し……女三人のモヤモヤ交換日記。

〈村井理子の翻訳書〉

亜紀書房翻訳ノンフィクション・シリーズⅣ-2

『捕食者　全米を震撼させた、
待ち伏せする連続殺人鬼』

モーリーン・キャラハン著　村井理子訳

彼は獲物をおびき寄せ、むさぼり喰う。2012年に逮捕され、唐突に獄中死した今世紀最大のシリアルキラーの実態を明らかにする、戦慄のノンフィクション。

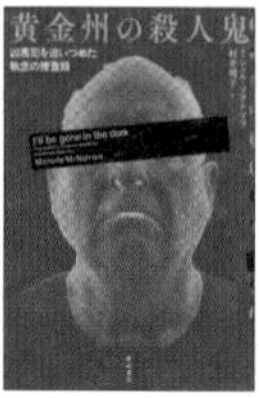

亜紀書房翻訳ノンフィクション・シリーズⅢ-9

『黄金州の殺人鬼
凶悪犯を追いつめた執念の捜査録』

ミシェル・マクナマラ著　村井理子訳

1970-80年代に米国・カリフォルニア州を震撼させた連続殺人鬼「黄金州の殺人鬼」（ゴールデン・ステート・キラー）。犯人を追い、独自に調査を行った作家による渾身の捜査録。

『兵士を救え！　マル珍軍事研究』

メアリー・ローチ著　村井理子訳

クソ真面目なのになぜか笑える、軍事サイエンスの試行錯誤を、「全米一愉快なサイエンスライター」が、空気を読まず突撃取材！